U0607068

执子之手，
自信的人生如诗篇

马 季◎著

中国出版集团 现代出版社

图书在版编目（CIP）数据

执子之手，自信的人生如诗篇 / 马季著 . -- 北京：现代出版社，2019.1

ISBN 978-7-5143-7240-3

Ⅰ . ①执… Ⅱ . ①马… Ⅲ . ①自信心—通俗读物 Ⅳ . ① B848.4-49

中国版本图书馆 CIP 数据核字（2018）第 159743 号

执子之手，自信的人生如诗篇

作　　者	马　季
责任编辑	杨学庆
出版发行	现代出版社
通讯地址	北京市安定门外安华里 504 号
邮政编码	100011
电　　话	010-64267325　64245264（传真）
网　　址	www.1980xd.com
电子邮箱	xiandai@vip.sina.com
印　　刷	河北浩润印刷有限公司
开　　本	880mm×1230mm　1/32
印　　张	5.5
版　　次	2019 年 1 月第 1 版　2022 年 1 月第 2 次印刷
书　　号	ISBN 978-7-5143-7240-3
定　　价	39.80 元

版权所有，翻印必究；未经许可，不得转载

Contents 目　录

Chapter 3　重大抉择时的冷静 ·················059

1 / *Chapter 1*

人生起步阶段的提升

枫树的期盼

有的美好的事情看似离开了我们，但实际上它仍在我们的身边，只不过暂时走开了；当它回来时，你是否还有一颗平常心来迎接它呢？

公园里有一棵很大的枫树，树干挺直、枝叶茂密，每年秋天都会变色，满树的红色、橙色、黄色、绿色，看上去真是充满了梦幻般的浪漫色彩。

有一个很美的女孩子。她的脸庞好像精美的白瓷器一样精致，眼睛像汪着的两潭深泉水。她的身材轻盈玲珑，小腿和手指尤其美丽，细长、白嫩，走路时像踩着嬉戏的风的步伐，转动小碎花的裙摆时像舞着的蒲公英。

枫树很喜欢女孩到它的身边玩耍。有时女孩会和她的同伴坐在树下，拿出她们的花手绢，玩着它不懂的游戏。它喜欢听她玩得开心时银铃般的笑声，以为那就是所谓的音乐。它更喜欢女孩一个人静静靠着它坐在树荫下的时候。女孩柔软的头发轻轻搔着树干，它可以往下看到她浓密的长睫毛，还可以嗅到女孩身上散发的幽香。他们是这样靠近，枫树以为这就是恋爱。

直到有一天，女孩不是和同伴来，也不是自己一个人来，而是和一个男孩子一起来。那天枫树才知道自己并不是女孩恋爱的对象。

　　女孩看起来和往常不同，眼神迷蒙，脸颊抹着红晕，嘴角带着一丝兴奋而又不安的微笑。男孩手里拿着一束花，洁白柔美的花。花朵馥郁的香气弥漫在空气中，闻起来令人迷眩。

　　男孩告诉女孩，说她就像这束栀子花，纯洁又美好。而他愿意像他们背后的这棵大树一样永远庇护着她。

　　女孩接过花束，安静但激动地搂着男孩的颈项，男孩也热烈地紧拥着女孩窈窕的身躯。

　　一阵清风吹来，带着栀子花的香味在空中旋绕，撩拨舞弄着枫树浓密的叶子而去。枫树知道以后再也看不到女孩了。

　　女孩果然不再来公园了。心碎的枫树每天尽量伸长它的枝干，希望能眺望得更远，以便寻找到女孩的踪迹。不过，牢牢捉紧土地的树根限制了它的视野，它痛苦得想要从地下抽出它的命脉，只为能再向上移动一点，好延伸追寻女孩的视线。

　　日复一日，渐渐地，枫树不再尽量挺直伸展它的枝干。相反，它所有的枝都懒散地垂落下来，它不想再看，看得越远，失望越深。它只想将自己深深地埋藏起来，躲在安全的黑暗当中，正如它还是一颗种子那样。只不过在黑暗中，它一次次反复回味着栀子花的香气。那是代表女孩的气味。只要这股香气从记忆中旋绕而出，它就仿佛再次感觉到女孩飘荡的发丝搔着它的树干，或又一次听到女孩银铃般的笑声。

　　年复一年。突然有一天，一群小学生在老师的带领下，嘻嘻哈哈地跑跳着进公园，而每个小孩子的手上都拿着一朵栀子花！那是女老师分赠给孩子们带回家给妈妈的小礼物。随着孩子的奔跑，那股熟悉而又令人心痛的香气钻进枫树的每根茎脉，让低垂着的枫树突然从黑暗中惊醒过来！

是的，是的，这一定是她，还有谁会有这样纯洁美好的芳香？

成长的时候，我们都有可能面对失去的疼痛。也许，属于你的一切会变换一种方式出现，把目光看向远处吧，不要为一时的丢失而沉沦。

树立比薪水更高的目标

黄楠大学毕业后在一家公司的财务部门任职。上班那天老板对她说："试用期半年，干得好，半年后加薪。"起初，黄楠干劲儿特别足，干的活一点也不比老员工少。两个多月以后，她有了些想法，觉得凭自己在公司独当一面的实力，完全应该获得更好的待遇，老板应该提前给她加薪，而不必等到半年以后。

自从有了想法后，黄楠的工作态度变得消极了，对上司交代的任务，她不再像以前那样认真、细致地完成。月末，单位赶制财务报表需要加班加点，大家主动留了下来，她却声称有事不能加班，还对同事们说："你们加班是应当的，我的任务在白天已经完成了。"

言下之意，我的薪水低，和你们高薪族一起加班不亏了自己吗？她还半真半假地幽默道："半年后，说不定我就会与你们一道并肩作战了。"当然，这一切不会逃过老板的视线。半年过去了，老板丝毫没有给黄楠加薪的意思，她一气之下离开了那家公司。

后来同事跟她私下聊天时告诉她："真遗憾，你白白地错失了一个加薪晋升的良机。老板看你工作扎实，业务能力又强，本来打算在第三个月的时候给你加薪的，甚至还有意在半年后提拔你为主办会计。"

像黄楠这样的年轻人，把薪水视为工作的唯一目的，等于禁锢了自己的才能，不管她到哪个公司，都不会赢得发展的机会。

当然，薪水是一个人工作的基本要求，但有所作为的人，他们工作绝不仅仅是为了拿一份薪水，他们看重的是工作带来的锻炼、学习的机会，是成长的过程，是品质的塑造和能力的提高。

有两位十分优秀的大学毕业生，分别去一家刚创办的小型公司应聘经理助理。第一位应聘者听说月薪只有1600元，便放弃了，另外找了一家公司，月薪是3000元。第二位应聘者面对1600元薪水的待遇，欣然接受了这份工作。尽管当时他也有更多赚钱的机会，但他觉得在这里能学到一些本领，薪水低一些是值得的。从长远的眼光来看，在这里工作将会更有前途。10年过去了。第一位学生的年薪由当年的36000元涨到12万元，而最初年薪只有19200元的第二位学生，现在的固定年薪是40万元。两位同样优秀的人才，差异到底在哪里呢？显然，前者是被最初的赚钱机会蒙蔽了，而后者却是基于学东西的观点来考虑自己的工作选择，他胜在了目光长远。

心理学家发现，在达到一定的数额之后，金钱就不再诱人了。即使你还没有那么富有，只要你着眼未来，就会发现金钱不过是许多种报酬中的一种。有机会的话，试着请教那些事业成功的人士，你就会发现，他们在没有优厚的金钱回报下，绝不会减弱对工作的热情。如果你问他们为什么如此对待工作，他们的回答一定是："因为我热爱自己的工作。"刚跨入社会的年轻人，切忌把薪水的高低当作选择工作的标准，而一定要注意工作本身所给予自己的报酬，比如发展技能、增加经验等，当你学有所成做出贡献之后，薪水的增长就是水到渠成的事情。

人生的意义不只限于物质需要，还应该有更高层次的追求；有了更高层次的动力驱使，生命才能释放更大能量。

敢于展示自己

青年时代的安德鲁·卡内基，曾经是美国宾夕法尼亚州一座停车场的电信技工。一天早上，因为突发事故，停车场的线路陷入了混乱之中。当时，他的上司还没上班，作为一名普通技工，他并没有"当列车的通行受到阻碍时，应立即处理引起的混乱"的权力。如果他越权发出命令，一旦遭遇不测，轻则卷铺盖走路，重则可能锒铛入狱。

在这样重要的时刻，明哲保身的人也许会这样想："尽管情况危急，但不在我的职责范围之内，何必自惹麻烦？"可是卡内基没有这样想，更没有畏缩旁观，他立即私自下了一道命令，并在文件上签了上司的名字。

当上司来到办公室时，线路已经正常，如同根本没有发生过事故一般。这个见机行事的青年，因为临危不乱，做出正确判断，而大受上司的称赞。

公司总裁听说此事之后，立即调他到总公司任职，并委以重任。从此以后，卡内基事业扶摇直上，直至事业的巅峰。

卡内基事后回忆说："初进公司的青年职员，能够跟决策阶层的大人物有私人的接触，成功的战争就算是打胜了一半——当你做出分外的事，而且战果辉煌，不被破格提拔，那才是怪事！"

一位世界500强企业总裁在谈到西方职员与中国职员的区别时说，西方职员敢于发表自己的意见，敢于展示自己。中方职员聪明、好学，有才华，但缺乏自信，他们总是闷声不响，谨小慎微，不愿意公开发表意见。确实，初涉社会的年轻人，听到的最多的告诫就是：出头的椽子先烂；少说多做，少管闲事，才会得到领导的信任。但正是这种处世哲学，让年轻人变得畏首畏尾，不敢展示自己，不敢推销自己；明明发现了问题，也不敢大胆说出来，而是在心里告诫自己："多一事不如少一事，千万不要多管闲事。"却不知，一个极好的机会有可能就被白白丢掉了。要知道，人的一生机会毕竟是有限的，你可能穷尽毕生努力，也不会得到别人的赏识。而抓住一次机会，就有可能展露你的能力和价值。

因此，只要有平台，只要有真才实学，就不要怕展示自己；凭才干和本领获得领导和同事的尊重，是一件光荣的事情。

不要怕展示自己，是金子总会发出夺目的光芒！

不要迷信经验

麦克打算乘火车从弗雷斯诺去纽约旅行。临行前，他的舅舅来看他，告诉了他一些旅行方面的经验。

"你上火车后，选一个位置坐下，不要东张西望，"舅舅这样对他的外甥说，"火车开动以后，会有两个穿制服的人顺通道走来问你要车票，你不要理他们，他们是骗子。"

"我怎么认得出呢？"麦克不解地问。

"你又不是小孩，会认得的。"舅舅似乎有点埋怨的意思。

"那好吧，舅舅。"麦克点了点头，表示记住了舅舅的忠告。

"火车开出20里后，会有一个和颜悦色的青年来和你搭茬，敬你一支烟。你就说我不会。那烟卷是上了麻药的。"舅舅接着说。

"是的，舅舅。"麦克微微一怔，但照例点了点头。

"你到餐车去，半路上会有一个年轻漂亮的女子故意和你撞个满怀，差点一把抱住你。然后她就对你左一个对不起，右一个很抱歉。你自然觉得这是个不错的女孩，一定会产生要跟她交朋友的念头。这时候，你一定要理智地远离她。那女子是个妓女。"

"是个什么？"麦克似乎没有听清楚。

"是个坏女人。"舅舅提高声音，"吃完饭，你从餐车回到座位去，经过吸烟间，那里有一张牌桌，玩牌的是3个中年人，手上全戴着看起来很值钱的戒指。他们要朝你点点头，其中一人请你加入，你就当没听见。"

麦克一脸茫然地看着舅舅。

"我在外边走得多看得多，这些事并不是我无中生有胡说的。"舅舅好像又想起了什么，叮咛道，"还有一件事，晚上睡觉时，把钱从口袋里取出来放在鞋筒里，再把鞋放在枕头底下。"

"舅舅，多谢您的指教！"看舅舅说完了，麦克向他表示了感激。

第二天，麦克乘上了开往纽约的火车。

那两个穿制服的人不是骗子，那个带麻药烟卷的青年没有来，那个漂亮女子没碰上，吸烟室里的牌桌是空着的。第一晚，麦克把钱放在鞋筒里，把鞋藏在枕头下，一夜没睡好。

第二天麦克就不理会那一套了。他请一个年轻人吸烟，那人竟高兴地接受了。在餐车里，他故意坐在一位年轻女子的对面。吸烟间里，他主动邀请别人打起了扑克。火车离纽约还很远，麦克在车上认识了许多旅客，旅客也都很喜欢他。火车经过俄亥俄州时，麦克与那个接受烟卷的青年，跟两个瓦沙尔女子大学的学生组成了一个四部合唱队，他们的演唱获得了旅客们的喝彩。

麦克的旅行非常愉快，这正是他想要的。

对于初涉社会的年轻人来说，成功者的经验确实很宝贵，但要知道，经验不是万能的，只能参考，不能照搬。对于所有成功者的经验和办法，一定不要迷信，而要仔细分析认真观察，得出自己的结论。

有一位诗人，在诗歌界有一些名声，他有不少商界的朋友——他们曾经是他的学生或崇拜者。诗人经常和商界的朋友接触，由于他思维敏捷，见解高明，主意新颖，为朋友出主意挣了不少钱。久而久之，诗人也萌发了下海经商的念头。于是，他向朋友们借了一笔钱，决定办一家公司。

他的文化传播公司一开张，生意还没做成一笔，先招聘了20多个人，每人发了一部手机。但是，他并没有明确具体的业务方向，也没有切实可行的工作思路，只有一个概念——制造声势，扩大影响，最终垄断本市的文化传播行业。他开起沙龙和讲座，侃侃而谈如何做一个"高层次有文化的商人"，所做的是一大堆没有实际效果的事情。结果不到3个月，他从朋友那里筹集来的几十万元就花了个精光。让他不解的是，他的朋友、学生和崇拜者，争先恐后来向他讨债。他试图筹集资金，东山再起，却再也借不到钱了。后来，他在一篇文章中深有感触地写道："纸上谈兵是可怕的，别人的经验对你来说也许就是惨痛的教训……天下没有免费的午餐。"

不要完全相信别人的经验之谈，世间万物皆在不停地变化，脚踏实地，才能走出一条属于自己的路来。

合理利用时间

张华德是罗小宾的小提琴教师。有一天，他给罗小宾教课的时候，忽然问罗小宾每天花多少时间练琴，罗小宾说大约三四个小时。

"你每次练习，时间都很长吗？"

"是啊，我想这样才能练好。"罗小宾答道。

"不，不要这样。"张华德说，"你长大以后，每天不会有长时间空闲的。你可以养成习惯，一有空闲就练，哪怕只有几分钟时间。比如在你上学以前，或在午饭以后，或在休息余暇，5分钟、10分钟地去练习。把小的练习时间分散在一天里面，这样的话，拉琴就成了你日常生活的一部分了。"

罗小宾长大参加工作后，想兼职从事文学创作。

可是处理业务、开会等事情把罗小宾白天晚上的时间完全占满了。差不多有两年时间罗小宾一字未动，他原谅自己的理由是没有时间。这时，罗小宾想起了张老师告诉他的话。

第二天，罗小宾就着手采用了张老师提议的办法。只要有5分钟的空闲时间，他就坐下来写作100字或短短几行。

出乎罗小宾的意料，一个星期过去，他的手头竟然积累了几十页稿子。

尝到甜头的罗小宾用同样的方法开始创作长篇小说。尽管罗小宾的日常工作十分繁忙，但是每天仍有不少可以利用的短暂空闲时间。同时罗小宾开始练习拉琴。他发现每天的空闲时间，足够用来进行创作与练习拉琴。

充分利用短暂空闲，是有条件的，首先是要把本职工作做好。本职工作做不好，本末倒置，也就失去了利用短暂空闲的意义。同时，我们必须记住"贪多嚼不烂的道理"。一个人不可能在同一时间内做好几件事，必须专心致志，才能把事情做好。孙子认为："故形人而我无形，则我专而敌分。"一支军队要想取胜就必须集中优势力量，一个组织如此，一个人就更应该要集中精力了。

有的人觉得自己的事情太多，平时太忙，一些事情总没有时间做。于是，外语没有时间学，身体没有时间锻炼，工作总结没有时间写，好想法也没有时间记下来，更没有时间去反省自己有哪些不足了……真的这么忙吗？一国总理忙不忙？可总理还坚持每天早晨跑步呢，难道自己们比他还忙？实际上，总说自己忙的人工作效率并不见得就高，做的工作也不一定就很多，而是没有能够合理利用时间。

时间像海绵里的水，要靠一点一点挤；时间更像边角料，要学会合理利用，一点一滴去累积。合理利用时间就是与时间争夺宝贵的生命。

克服依赖心理

文康在初学溜冰时，没掌握好平衡技巧，总是一次次跌倒。于是，教练给文康一把椅子，让他推着椅子溜。果然，此法甚妙，稳当的椅子使文康站在冰上如站在平地一般。文康推着椅子前行，行动自如，不再跌跤。

文康想，椅子真好！于是，就一直推着椅子溜。

大约一星期后，有一天，教练来到冰场，发现文康仍然在推椅子溜冰。他走上前来，一言不发，把椅子从文康手中撤下来。文康立即惊惶地大叫起来，脚下不稳，跌了下去。文康还想扶着椅子溜，教练走到一边去了，没有理睬他。文康只得依靠自己，慢慢地就站稳了脚步。文康惊奇地发现，椅子实际上已经帮他学会了掌握平衡。

学溜冰的经历让文康举一反三地想到：不管干什么，起步时需要借助外力，但不可过于依赖外力，否则，永远不能独立，不能达到自己的目标。

人总是有依赖心理的。周恩来总理曾对自己的亲属定下10条"家规"，其中一条就是"凡个人生活能自己做的，不要别人来办"。这就是说，凡事首先要立足于自己去解决，不要依赖别人。

初涉社会的年轻人，通常存在一定程度上的依赖心理。这主要是由于优越的生活环境和父母的溺爱所致。依赖心理如果得不到及时矫正，将会削弱一个人在生活中的抗磨难能力，甚至导致心理畸形发展。

在激烈竞争的社会中，依赖任何人都是靠不住的。命运要靠自己改变，成功要靠自己争取。需要别人的帮助是正常的，但不能依赖别人的帮助。那么，怎样才能克服依赖心理呢？

首先，要消除自卑感，增强自信心。自卑心理是产生依赖性的原因之一。凡是具有这种心理的人，在生活中对人对事缺乏正确的认识，对自己的水平和能力没有一个正确的评价，很容易过高评估他人，过低估计自己。做事情总是缺乏自信，觉得自己不如他人，不如别人做得好。要知道，每个人都有自身的长处和不足，有时你可能在这一方面有长处，而在另一方面显得不足，别人的情况可能与你相反。所以要有自信心，自卑的人是没有出路的。

其次，要矫正不良习惯，提高自理能力。尤其是青少年，在踏入社会前，受到长辈的过分溺爱，长期生活在饭来张口、衣来伸手的特殊环境中，养成了离不开"拐棍"的生活习惯，事事都要依赖他人。踏入社会后，工作上遇到一点难题，无论难易程度如何，不是开动脑筋，以自己的能力把它解决，而是采取逃避的办法，依赖同事或领导去解决，这样又怎么能适应新的生活和新的工作环境呢？

学会自力更生，就能丰衣足食。这个道理亘古不变。

不要总想着去借助外物来获得成功，去掉依赖心，靠你自己的实力来赢得一切。这是超越自己，获得成功的最好方法。

保持自己的个性

清代乾隆年间，有两个书法家，一个极认真地模仿古人，讲究每一笔每一画都要有出处，酷似某某，如某一横要像苏东坡的，某一竖要像李太白的。自然，一旦练到了这一步，他便颇为得意。另一个则正好相反，不仅苦苦地练，还要求每一笔每一画都不同于古人，讲究自然，直到练到了这一步，才觉得心里踏实。

有一天，两个书法家相遇，前者嘲讽后者说："请问仁兄，您的字有哪一笔是古人的？"后者并不生气，而是笑眯眯地反问了一句："也请问仁兄一句，您的字，究竟哪一笔是您自己的？"前者听了，顿时张口结舌。

从创造学的观点看，第一个书法家毫无出息，除了没完没了地重复别人，实在是一无所长，可怜至极；第二个书法家则孜孜不倦地钻研，造就自己独特的个性，做到了"我就是我"！

齐白石先生有一句名言："学我者生，似我者死。"个性是区别大众的。正因为个性的差异，才构成人生万象的异彩纷呈，才谈得上相互学习、相互促进、相互吸引、心心相印，才能感受到别有洞天的人生乐趣。

初涉社会的年轻人容易走入的误区之一，就是盲目地模仿成功人士，而丢失了自己的个性。要知道，人和人自身情况的不同，所处环境的差异，决定了成功的方法只能借鉴，不能模仿。

丹尼尔已经四十出头了，事业上仍无明显的成绩。他环视周遭，将自己跟身边的人比较，结果发现自己处处不如人。

他觉得自己既没有隔壁的教授聪明，又不如街尾的企业家有钱；运动员的天赋他没有，成为达尔文、达·芬奇或伽利略就更不可能了。"我完完全全只是个普通人！一点也不突出。"他满心悲哀地想。

一天晚上，他怀着沉重的失望之情就寝，做了一个梦。在梦中，上帝看着他，问了一个简单的问题："丹尼尔，你担心自己不如你的邻居，担心自己不如聪明的达尔文，比不上有创意的达·芬奇，更不像伽利略那般惊天动地。告诉我，丹尼尔，为什么你不能在你的生命中做一回你自己呢？"

他从梦中惊醒，心脏狂跳，他突然理解到这个问题的力量，并感到如释重负。他明白了：他生命中的任务不是要去模仿别人，而是要做自己。

他终于看清了一个更有力的事实：在历史上，只会有一个丹尼尔，正如只有一个达尔文、一个达·芬奇和一个伽利略一样。而就算这3名了不起的人物加在一块儿，也没办法成为丹尼尔。

所以，要想成功，必须走出自己的路来，老跟在别人屁股后边学，可能获得一点成绩，但不能获得人生的成功。

成功者都是有个性的，没有个性的成功几乎是没有的。因此，要根据自己的个性，去设计一条成功的路线和方法，以利最大限度地实现自我。

永不言放弃

　　弗里达·卡罗是墨西哥当代著名女画家，她是一个严重车祸的受害者、一个在美国成为"大西洋海岸最热门的人物"的残疾绘画家，她一生经历了大小32次手术和3次流产，最终瘫痪，依赖麻醉剂活着。她用自己的画写完了她的人生。

　　弗里达是一位美丽的女人，稍有瑕疵也恰好增添了她的魅力。两条美眉在前额连成一线，杏仁状的眼睛是乌黑的。她的智慧和幽默就在那双眼睛里，她的情绪也表露在其中：或好奇或迷人，或疑虑或内敛。她的眼光有着一种让人无从掩饰的锐利，犹如飞翔的箭矢。

　　弗里达小时候是个很淘气的小女孩，7岁时发生了明显的变化：瘦高而不太结实，脸色忧郁、表情显得很内向。变化的原因是弗里达6岁时得了小儿麻痹症。弗里达曾经自我迷恋且开朗外向，这形成了她成年后的性格特征。可疾病让她意识到内心世界的白日梦与外部世界是极不一致的，弗里达的梦里有一个决不会抛弃她的知己。18岁时，弗里达已经有了自己对人生的认识。

　　一次意外的事故改变了弗里达的生活，这是一次车祸，断了的扶手从弗里达身体的一侧刺入从另一侧穿出来，高度是在骨盆的位置，她平生第一次动手术。她告诉她的朋友阿里亚斯："一到夜里，死亡就来到我的床边跳舞。"从1925年起，弗里达的生活是一场对付健康状况日益恶化的磨难。她从开始把画画作为消遣到后来慢慢地沉浸于艺术之中了。她画死亡，她喜欢说："我逗弄并嘲笑死亡，所以它不让我好起来。"但她不画车祸，然而这次车祸却将弗里达引向了绘画，作为一个成熟的画家，来画她的思想状态——来定格她的发现——用发生在自己身体上的事。痛苦与力量两者都渗透在她的绘画之中，最具特征的画作是《破裂的脊柱》。

1932年，她的丈夫里维拉在美国一举成名，里面包含着弗里达的贡献。弗里达怀孕了，却在3个月后流产，不能再有孩子。弗里达后来瘫痪了，依赖麻醉剂生活，但她从未停止绘画，她画自己流血、哭泣、破碎，将痛苦移植到艺术里。她用画作表达着自己的思想："如果我有翅膀，还要腿干什么呢。"弗里达自己创造了自己的艺术。

1953年在墨西哥举行的最后一次画展上，弗里达告诉记者说："我不是生病，我只是整个碎掉了，但是只要还能画画，我都会很开心。"一位评论家在《时代》周刊以一篇题为《墨西哥式的自传》的文章中写道："要将她的生活与她的艺术分割开来是很困难的。她的画就是她的自传。"

只要不停止奋斗，你就能获得值得人尊敬的成就；只要敢于去拼搏，你就能获得心灵的自由。一个人的行动能够说明他的一切。

责任比能力更重要

乔塬是个主管货物过磅秤的小职员，到一家钢铁公司工作还不到一个月，他就发现很多矿石并没有被充分地冶炼，一些矿石中还残留着未被冶炼好的铁。他想，如果继续这样下去的话，公司岂不是会遭受很大的损失？

于是，他找到了负责冶炼工作的工长，向他道出了自己的想法。这位工长说："如果技术有了问题，工程师一定会跟我说，现在还没有哪一位工程师跟我说过这个问题，说明现在还没有出现你说的情况。"

乔塬相信自己的发现不会错，他又找到负责技术的工程师，对工程师提出了他的看法。工程师很自信地说："我们的技术是世界一流的，怎么可能会有这样的问题？"工程师并没有重视乔塬所说的问题，还暗自认为：一个刚刚毕业的大学生，能明白多少，不会是因为想博得别人的好感而表现自己吧？

但是乔塬并没有就此放弃自己的观点，他认为这是个很重要的问题，必须彻底弄个清楚。于是他拿着没有冶炼好的矿石找到了公司负责技术的总工程师，他说："总工，我认为这是一块没有得到充分冶炼的矿石，您认为呢？"

总工程师看了一眼，说："没错，年轻人！你说得对，哪里来的矿石？"

乔塬说："我们公司的。"

"怎么会，我们公司的技术是一流的，怎么可能会有这样的问题？"总工程师很诧异。

"工程师也这么说，但事实确实如此。"乔塬坚持道。

"看来是出问题了。怎么没有人向我反映？"总工程师有些发火了。

总工程师立即召集负责技术的工程师来到车间，果然发现了一些冶炼并不充分的矿石。经过检查发现，原来是监测机器的某个零部件失灵，才导致了这一后果。

公司总经理知道这件事后，不但奖励了乔塬，而且还晋升他为负责技术监督的工程师。总经理不无感慨地说："我们公司并不缺少工程师，但缺少的是负责任的工程师。工程师没有发现问题事小，别人提出问题还不以为然事大。对于一个企业来讲，人才是重要的，但更重要的是真正有责任感的人才。"

乔塬之所以能获得工作上的初步成功，并非因为他的能力超群，而是由于责任感的驱使。矿石中残留着未被冶炼好的铁，相信不止他一个人发现了，但只有他本着责任心，坚持指出这个问题，甚至冒着遭人讥笑的风险，也不让步，这就很珍贵了。

初涉社会的年轻人经常听到这样的教诲："不要多管闲事，做好自己分内的事就行了。"事实真的如此吗？有的人即便是自己分内的事，也未必能勇敢地承担起责任。也许由于害怕老板的责罚，也许担心被扣奖金，常常故意隐瞒错误，推卸责任。活在这个世界上的每一个人都有自己的责任，为保全一己的利益而推卸责任的人，终会为自己的行为感到羞耻、内疚与不安，良心会受到更重的惩罚。

而真正理解"责任"二字的人，是不会害怕承担责任的，他甚至能勇于承担额外的责任，乔堺就是这样的人。

一般来说，一个人如果想取得超常的成就，必然就要承担更多额外的责任。长远地看，付出与收获是紧密联系的。如果你在工作中只是敷衍了事，连本职工作中最基本的职责也懒得承担，那么你只能得到敷衍你的报酬；如果你尽心尽力地投入到你的工作当中去，做到尽职尽责，那你将获得丰厚的回报；如果你在尽职尽责的基础上敢于承担更多额外的责任，那么你将获得意想不到的收获。

在现代社会里，绝大多数的人都必须从基层做起。年轻人，你想获得什么样的报酬和成就，很大程度上取决于你的责任感。有责任心的人迟早会被证明——他们是优秀的人。

把梦想交给自己

19世纪初，美国一座偏远的小镇里住着一位远近闻名的富商，富商有个19岁的儿子叫伯杰。

一天晚餐后，伯杰欣赏着深秋美妙的月色。突然，他看见窗外的街灯下站着一个和他年龄相仿的青年，那青年身着一件破旧的外套，清瘦的身材显得羸弱。

他走下楼去，问青年为何长时间地站在这里。

青年满怀忧郁地对伯杰说："我有一个梦想，就是自己能拥有一座宁静的公寓，晚饭后能站在窗前欣赏美妙的月色。可是这些对我来说简直太遥远了。"

伯杰说："那么请你告诉我，离你最近的梦想是什么？"

"我现在的梦想，就是能够躺在一张宽敞的床上舒服地睡上一觉。"

伯杰拍了拍他的肩膀说："朋友，今天晚上我可以让你梦想成真。"

于是，伯杰领着他走进了堂皇的公寓，把他带到自己的房间，指着那张豪华的软床说："这是我的卧室，今晚你就睡在这儿，保证像天堂一样舒适。"

第二天清晨，伯杰早早就起床了。他轻轻推开自己卧室的门，却发现床上的一切都整整齐齐，分明没有人睡过。伯杰疑惑地走到花园里。他发现，那个青年人正躺在花园的一条长椅上甜甜地睡着。

伯杰叫醒了他，不解地问："你为什么睡在这里？"

青年笑笑说："你给我这些已经足够了，谢谢……"说完，青年头也不回地走了。

30年后的一天，伯杰突然收到一封精美的请柬，一位自称是他"30年前的朋友"的男士邀请他参加一个湖边度假村的落成庆典。

尽管伯杰未能想起这位朋友是谁，但他还是如期赴约了。那天，在豪华的湖边度假村，伯杰有幸领略了当时最典雅的建筑，也见到了众多社会名流。接着，他看到了即兴发言的庄园主特纳。

"今天，我首先感谢的就是在我成功的路上，第一个帮助我的人。他就是我30年前的朋友——伯杰……"说着，特纳在众多人的掌声中，径直走到伯杰面前，并紧紧地拥抱了伯杰。

此时，伯杰才恍然大悟。眼前这位名声显赫的大亨特纳，正是30年前那位贫困青年。

酒会上，特纳对伯杰说："当你把我带进寝室的时候，我真不敢相信梦想就在眼前。那一瞬间，我突然明白，那张床不属于我，这样得来的梦想是短暂的。我应该远离它，我要把自己的梦想交给自己，去寻找真正属于我的那张床！现在我终于找到了。"

在现实生活中，人人都有自己的梦想，但梦想的实现却非易事。抱有不劳而获、异想天开思想的人，最终就会悲观失望，抱怨命运残酷，因为老天从不眷顾只想不做的人。

真正的成功是不会依赖别人给予的，更不是凭侥幸获胜。否则就像下面这个故事里的老鼠一样，落得悲惨的下场。

一只四处漂泊的老鼠在佛塔顶上安了家。

佛塔里的生活实在是幸福极了，它既可以在各层之间随意穿越，又可以享受丰富的供品。它甚至还享有别人所无法得到的特权：那些为人崇敬的经书，它可以随意咀嚼；人们膜拜敬仰的佛像，它可以在周边自由走动。

当善男信女们烧香叩头拜佛的时候，这只老鼠嗅着烟气，竟然自我陶醉起来，觉得自己在佛像一旁，也有着很高的地位。有一天，一只饿极了的野猫闯了进来，它一把将老鼠抓住。

"你不能吃我！你应该向我跪拜！"这位高贵的俘虏抗议道。

"你以为人们是向你跪拜的吗？你弄错了！在我眼里你什么都不是。"野猫讥讽道，然后，像掰一只汉堡包那样把老鼠撕成了两半。

这个故事告诉我们，凭借侥幸获得的成功只是一时的，不可能长久。

美丽的梦想要靠自己的努力去实现，雄壮、悠扬的人生乐曲要靠自己去弹奏，精彩人生要靠自己去谱写。

不断提升自我

一位成功学家曾聘用一名年轻女孩当助手，替他拆阅、分类信件，薪水与相关工作的人相同。有一天，这位成功学家口述了一句格言，要求她用打字机记录下来，"请记住：你唯一的限制就是你自己脑海中所设立的那个限制。"

她将打好的文件交给老板，并且有所感悟地说："你的格言令我大受启发，对我的人生很有价值。"

这件事并未引起成功学家的注意，但是却在女孩心中烙上了深刻的印记。从那天起她开始在晚饭后回到办公室继续工作，不计报酬地干一些并非自己分内的工作，譬如，替代老板给读者回信。

她认真研究成功学家的语言风格，以至于回信写得与老板一样，有时甚至更好。她一直坚持这样做，并不在意老板是否注意到自己的努力。终于有一天，成功学家的秘书因故辞职，在挑选合适人选时，老板自然而然地想到了这个女孩。

在没有得到这个职位之前已经身在其位了，这正是女孩获得这个职位最重要的原因。当下班的铃声响起之后，她依然坐在自己的岗位上，在没有任何报酬承诺的情况下，依然刻苦训练，最终使自己有资格接受这个职位。

这位年轻女孩如此优秀，引起了更多人的关注，其他公司纷纷提供更好的职位邀请她加盟。为了挽留她，成功学家多次提高她的薪水，与最初当一名普通速记员时相比已经高出了4倍。

女孩的成功就在于不计较一时的得失，不断地学习、提升自己，使自己成为能够独当一面的人。

成长如逆水行舟，不进则退。你必须保持一颗不断学习进取的心。学习的目的不仅是为了增加知识，而是要根据自身情况不断地总结和领悟。

那么，怎样学习才能提升自己呢？

首先，克服惰性，不做知识的懒虫，投资自己，提高自己的附加值，培养自己不论处于什么情况下都能存活的本领。你可以在上班时间动脑筋思考改进自己的工作，或者利用下班休息时间充电学习。

其次，对工作不要挑三拣四，要把每一项工作都看作锻炼和提升自己的机会。无论什么工作都积极地去完成，从中学习成长。

使自己变得不可替代，不断提升自我价值，就会出现快速升值的发展空间。

从工作中发现快乐

一座小村庄里有一位中年邮差，他从刚满20岁起便开始每天往返50公里的路程，日复一日将悲欢忧喜的故事送到居民的家中。就这样20年一晃而过，物是人非几番变迁，唯独那条从邮局到村庄的道路，从过去到现在，依然如故，始终没有一枝半叶，触目所及，唯有飞扬的尘土。

"这样荒凉的路还要走多久呢？"

他一想到必须在这无花无树充满尘土的路上，踩着脚踏车度过他的人生时，心中总是有些遗憾。

有一天当他送完信，心事重重准备回去时，刚好经过一家花店。

他走进花店，买了一把野花的种子，并且从第二天开始，带着这些种子撒在往来的路上。

就这样，经过一天，两天，一个月，两个月……他始终持续播撒野花的种子。

没多久，那条已经来回走了20年的荒凉道路，竟开起了许多红、黄各色的小花；夏天开夏天的花，秋天开秋天的花，四季盛开，永不停歇。

种子和花香对村庄里的人来说，比邮差一辈子送达的任何一封邮件，更令他们开心。

在充满花瓣的道路上吹着口哨，踩着脚踏车的邮差，从此不再是个孤独的邮差，也不再是个愁苦的邮差了。他的每天都是快乐的。

这个社会，能够轰轰烈烈干出大事业的人毕竟是少数，更多的人和这位邮差一样，日复一日地重复着似乎单调无趣的工作。我们的人生是否幸福快乐，也和工作紧密相关。但，决定人生是否幸福快乐，不是取决于我们干什么样的工作，而是我们对工作的态度。就像这位邮差一样，虽然还是重复着单调的工作，但因为换了心情，学会了从工作中发现快乐，他也就从愁苦、孤独的邮差变成了快乐的使者。

综观古今中外，人们对工作的认识和态度主要有三种：一是当"副业"，认为"岗位"就像"笼子"，既艰苦又无自由，不想干；二是当"职业"，认为"有碗饭吃就行"，做一天和尚撞一天钟，干不好；三是当"事业"，认为生命与工作不能分离，将工作与快乐合二为一，既不因辛苦而抱怨，也不因困难而退缩。由此可见，把工作当享受，才是科学而睿智的选择，才能达到"人因工作而完美，工作因人而完善"的境界。著名作家罗曼·罗兰说过："一个人慢慢被时代淘汰的最大原因，不是年龄的增长，而是学习热情的下降，工作激情的减退。"

人生，不仅为了成功而工作，更应为了享受而工作。也许有人会说："把工作当享受，怎么可能？"其实世上的许多事情，正如美国前总统林肯所言："一些事情人们之所以不去做，只是认为不可能。而许多不可能，只存在于我们的想象之中。""享受工作"也是这样，只要我们以积极的心态去对待哪怕最简单平凡的工作，也能从工作中发现快乐。

人只有把工作当享受，才能保持良好的情绪，不论是什么工作，无论什么样的环境，都会感到快乐，而且是越快乐越有成效，越有成效越快乐。反之，如果把工作当负担当痛苦，就会越干越难受，任何简单的事情都会变得无聊和困难，即使工作不卖力气也会感到精疲力竭。

实践表明，只有把工作定位在"享受"的高度，才能不断超越自我。

如果将工作视为义务，人生就成了地狱；如果将工作视为乐趣，人生就成了乐园。

2

Chapter 2

身处困境时的超越

美丽的眼睛

　　罗西一个人独自坐了一个座位间，直到列车到达罗哈那才上来一位姑娘。为这位姑娘送行的夫妇可能是她的父母，他们似乎对姑娘这趟旅行放不下心。那位太太向她作了详细的交代，东西该放在什么地方，不要把头伸出窗外，等等。

　　罗西是个盲人，心理有几分自卑，尤其是面对一个姑娘时。因此，他会尽可能避免对她的注意。但他又是那么地渴望与别人交流。

　　"你是到台拉登去吗？"火车出站时罗西小心翼翼地问那个姑娘。

　　罗西的声音吓了她一跳，她低低地惊叫一声，说道："对不起，我不知道这里有人。"

　　啊，这是常事，眼明目亮的人往往连鼻子底下的事物也看不到，也许他们要看的东西太多了，而那些看不见的人反倒能靠着其他感官确切地注意到周围的事物。不过，她说话的声音真是清脆甜润！

　　"我开始也没看见你，"罗西说，"不过我听到你进来了。"罗西不想让她发觉自己是个盲人，罗西想，只要自己坐在窗口不动，她大概是不容易发现庐山真面目的。

　　"我到萨哈兰普尔下车。"姑娘说，"我的姨妈在那里接我。你到哪儿去？"

"先到台拉登，然后再去穆索里。"罗西说。

"啊，你真幸运！要是我能去穆索里该多好啊！我喜欢那里的山，特别是在10月。"

"不错，那是黄金季节，"罗西脑海里回想起自己少年时代所见到的情景，"漫山遍野的大丽花，在明媚的阳光下显得更加绚丽多彩。到了夜晚，坐在篝火旁，喝上一点白兰地，这个时候，大多数游客离去了，路上静悄悄的，就像到了一个杳无人烟的地方。"

她默默无语。接着，罗西犯了一个错误，他问她外面天气怎么样。

她对这个问题似乎毫不奇怪，说："你干吗不自己看看窗外？"她的声音安详。

罗西沿着座位毫不费力地挪到车窗边。窗子是开着的，罗西脸朝着窗外假装欣赏起外面的景色来。罗西的脑子里能够想象出路边的电线杆飞速向后闪去的情形。"你注意到没有？"罗西冒险地说，"好像我们的车没有动，是外面的树在动。"

姑娘笑了起来。

罗西把脸从窗口转过来，朝着姑娘，他突然大胆地说："你长得很漂亮。"

她舒心地笑了起来，那笑声宛若一串银铃声。"听你这么说，我真高兴。"

罗西想，啊，这么说来，她确实长得漂亮！

"我马上就要下车了。"姑娘突然冒出一句。

汽笛一声长鸣，车轮的节奏慢了下来。姑娘站起身，收拾起她的东西。罗西真想知道，她是绾着发髻，还是长发披散在肩上？或是留着短发？

火车慢慢地驶进站。车外，脚夫的吆喝声、小贩的叫卖声响成一片。车门附近传来一位妇女的尖嗓音，想必是那位姑娘的姨妈了。

"再见！"姑娘说。

她站在靠罗西很近的地方，从她身上散发出的香水味撩拨着罗西的心房。罗西想伸手摸摸她的头发，可是她已飘然离去，只留下一丝清香萦绕在她站过的地方。

列车员嘴里一声哨响，列车重新开动了。车厢在轻轻晃动，发出嘎吱嘎吱的声音。罗西摸到窗口，脸朝外坐了下来。外面分明是光天化日，可罗西的眼前却是一片漆黑！现在罗西有了一个新旅伴，也许又可以小施骗技了。

"刚才下车的那位姑娘很吸引人吧。"他搭讪着说，"你能不能告诉我，她留着长发还是短发？"

"这我倒没注意，"那人有些迷惑不解，"不过她的眼睛我注意到了，那双眼睛长得很美，可对她毫无用处——她完全是个盲人，你没注意到吗？"

对美的追求人皆有之，但不是所有人都能如愿以偿，把你的发现变成人生的动力，努力探询自己的世界。

挺起你的胸膛

一名挪威青年漂洋过海来到法国,他要报考著名的巴黎音乐学院,考试的时候,尽管他竭力将自己的水平发挥到最佳状态,但主考官还是没能看中他。

身无分文的年轻人来到学院外不远的一条繁华街道上,勒紧裤带,在一棵榕树下拉起了手中的琴,他拉了一曲又一曲,吸引了无数的人驻足聆听,围观的人们纷纷掏钱放入琴盒。饥饿的他最终捧起了自己的琴盒。

就在此时,一个无赖鄙夷地将钱扔在年轻人的脚下。年轻人看了看无赖,弯下腰拾起地上的钱递给无赖说:"先生,您的钱掉在了地上。"

无赖接过钱,重新扔在年轻人的脚下,再次傲慢地说:"这钱已经是你的了,你必须收下!"

年轻人再次看了看无赖,深深地给他鞠了个躬说:"先生,谢谢您的资助!刚才您掉了钱,我弯腰为您捡起,现在我的钱掉在地上,麻烦您也为我捡起!"

无赖被年轻人的镇定和智慧震撼了,心虚地捡起地上的钱放入琴盒,然后灰溜溜地走了。

围观者中有双眼睛,一直在默默关注着年轻人,他就是学院里的那名主考官。见此情景,他当即决定给这个年轻人求学的机会。

这个年轻人就是比尔·撒丁，后来成为挪威著名音乐家，他的代表作是《挺起你的胸膛》。

当我们陷入生活低谷的时候，往往会招致许多无端的蔑视；当我们处在为生存苦苦挣扎的关头，往往又会遭遇肆意践踏你人格尊严的事情。针锋相对的反抗是我们的本能，但那些缺知少德者往往会加倍地施以暴虐。我们不如理智地去应付，以一种宽容的心态去化解危机，维护尊严。邪不压正，任何邪恶在正义面前最终都是无法站稳脚跟的。

100多年前的一个冬天，美国加州沃尔逊小镇上来了一群饥饿的流亡者。人们给流亡者送去饭食，他们个个狼吞虎咽，连一句感谢的话也来不及说。只有一个人例外，当镇长杰克逊大叔把食物送到他面前时，这个骨瘦如柴饥肠辘辘的年轻人问："先生，吃了您这么多东西，您有什么活需要我做吗？"杰克逊说："不，我没有什活需要您来做。"这个年轻人的目光顿时灰暗下去了，说："那我便不能随便吃您的东西。我不能不经过劳动便平白无故得到这些东西。"杰克逊想了一会儿说："小伙子，你愿意为我捶背吗？"说着就蹲在地上，那个年轻人便十分认真而细致地给他捶背。捶了几分钟杰克逊站起来说："小伙子，你捶得棒极了。"说完将食物递给那个年轻人。

后来，这个年轻人留下来在杰克逊的庄园干活，成为一把好手。两年后，杰克逊把自己的女儿玛格珍妮许配给了他，杰克逊对女儿说："别看他现在什么都没有，可他百分之百是个富翁，因为他有尊严。"果然不出所料，20多年后，那个年轻人有了一笔让整个美国人都羡慕的财富。这个年轻人就是赫赫有名的美国石油大王哈默。虽然穷困潦倒却仍然拥有自尊自立的精神，哈默的行为不仅赢得了别人的尊敬，也维护了自己的尊严。

尊严，是一种高尚的人格，是志存高远的境界，是不吃嗟来之食的风骨；尊严，就是任何时候都挺直自己的胸膛，堂堂正正地做人；尊严不能简单解释为面子，更多地表现为一种自尊心，一种价值观，一种责任感，是一种不依附于他人的奋斗精神。所以人们把自尊视为至高无上的精神瑰宝。没有财富可以用双手和智慧创造，但是，一个人如果没有了尊严，那就什么也没有了。

越是处于困境，越要挺起自己的胸膛，维护自己的尊严。只有这样，才能赢得别人的尊重和帮助。

只要活着，就不可以放弃

一个农民，初中只读了两年，家里就没钱继续供他上学了。他辍学回家，帮父亲耕种3亩薄田。在他19岁时，父亲去世了，家庭的重担全部压在了他的肩上。他既要照顾身体不好的母亲，还要伺候一位瘫痪在床的祖母。

20世纪80年代，农田承包到户。他把一块水洼挖成池塘，想养鱼。但乡里的干部告诉他，水田不能养鱼，只能种庄稼，他只好又把水塘填平。这件事成了一个笑话，在别人的眼里，他是一个想发财但又非常愚蠢的人。

听说养鸡能赚钱，他向亲戚借了500元，养起了鸡。但是一场洪水后，鸡得了瘟病，几天内全部死光。500元对别人来说可能不算什么，可对一个只靠3亩薄田生活的家庭而言，不啻天文数字。他的母亲受不了这个刺激，竟然忧郁而死。

他后来酿过酒，捕过鱼，甚至还在石矿的悬崖上帮人打过炮眼……可都没有赚到钱。

35岁的时候，他还没有娶上媳妇，即使离异有孩子的女人也看不上他。因为他只有一间土屋，随时有可能在一场大雨后倒塌。娶不上老婆的男人，在农村是没有人看得起的。

但他并没有灰心，还想再搏一搏，于是四处借钱买了一辆手扶拖拉机。不料，上路不到半个月，这辆拖拉机就载着他冲入一条河里。他断了一条腿，成了瘸子。拖拉机被人从水里捞起来，已经支离破碎，成了一堆废铁。

几乎所有的人都说这个农民这辈子完了，命苦。

但是后来他终于抓住机遇，办了一家公司，慢慢发展起来。现在，他手中有两亿元的资产，过去经历的苦难和富有传奇色彩的创业经历，启发了许多人。

记者问他："在苦难的日子里，你凭什么一次又一次毫不退缩？"

他坐在宽大豪华的老板台后面，喝完了手里的一杯水。然后，他把玻璃杯子握在手里，反问记者："如果我松手，这只杯子会怎样？"

记者说："摔在地上，碎了。"

"那我们试试看。"他说。

他手一松，杯子掉到地上发出清脆的声音，但并没有破碎，而是完好无损。他说："即使有10个人在场，他们都会认为这只杯子必碎无疑。但是，这只杯子不是普通的玻璃杯，而是用玻璃钢制作的。"

这位农民企业家的成功经历告诉我们：人只要有一口气，只要还活着，就不能放弃。只有不放弃，才会有成功的可能。

推销大师汤姆·霍普金斯在踏入推销界之前也是非常落魄，但他一直在尝试寻找适合自己的行业。参加了推销培训班后，他发现这是很有前景的职业，决心投身其中发展。后来，他又潜心学习，钻研心理学、公关学、市场学等理论，结合现代观念推销技巧，终于大获成功。在美国房地产界3年内赚到了3000多万美元，并参与了可口可乐、迪士尼、宝洁公司等杰出企业的推销策划。他的名字进入了吉尼斯世界纪录，被国际上很多报刊称为"国际销售界的传奇人物"。

有人问他："你成功的秘诀是什么？"他回答说："每当我遇到挫折的时候，我只有一个信念，坚持到底。成功者绝不放弃，放弃者绝不会成功！"

他还说："我要坚持到底，因为我不是为了失败才来到这个世界的，更不相信'命中注定失败'这种丧气话，什么路都可以选择，但就是不能选择'放弃'这条路。

"我坚信自己是一头狮子，而不是头羔羊；在我的思想中从来没有'放弃''不可能''办不到''行不通''没希望'等字眼。"

不放弃就有成功的可能。每一次失败，都将会增加下次成功的概率；每一次拒绝，都能使你离"成交"更近一步；每一次的不顺利，都将会为明天的幸运带来希望。成功从不等人。

悲哀总会变为欢乐

庄子曾说过一个故事，有个人非常畏惧自己的影子和脚步声，因此拼命逃跑，但跑得越快，脚步声越大，影子也追得越紧。这个人越来越惊慌，最后力竭而死。他不明白只要他停步，到树荫下休息，他的身影自会消失，脚步声也会平息。

有人说，恐惧的相反就是信心。一个折磨你，另一个抚慰你；一个禁锢你，另一个解放你；一个麻痹你，另一个赐予你力量。与其逃避恐惧，不如去谋取信心的来源。

曾有谚语说："纵使鸟儿在地上走，我们依然明白它有翅膀。"你可以借心灵的力量高飞天际，也可以让缺点把你困在地面。你该专心于你做得对做得好的事，而非你办不到的事；你该把重点放在成功的时刻，而非失败的时光。

你或许以为你嫉妒某人，但后来仔细观察却发现，你嫉妒的并不是这个人，不是他的作为，也并非他所拥有的一切。其实，嫉妒来自对自己的兴趣和自毁的倾向，你会嫉妒是因为你拿自己和别人相比，看到自己的表现，发现其他人更好、更帅、更有吸引力等。你参加的是一面倒的战争，你的对手其实是你自己。

有一对恋人因为感情发生变化而濒临分手。一开始，男方难以接受这个现实，采用各种手段希望挽回这段情感。但是，事情却离他想象的越来越远了，他的精神几近崩溃。后来，他终于明白了，给他的女友写了一封发自肺腑的信："我们原本有50%的可能成为夫妻，而现在，我们却有了50%的可能不能成为夫妻。其实两者在根本上是没有什么区别的。甚至也可以反过来说，我们原本有50%的可能不能成为夫妻，而现在我们仍有50%的可能成为夫妻。至少我们应该有100%的友谊。现在我更看中后者了。"男友的领悟终于给了他们和好的机会。其实，即使分手，也未必就不能获得新的美好的未来。伤痛也许会使我们更加懂得人生的意义。

所有的伤口都需要时间才能愈合，身体或精神上的创伤都如此。然而当受伤的是你自己——因病因伤、因关系断绝或失去挚爱、因绝望或失意，你却往往觉得自己永远不可能痊愈。你可能觉得自此以后，你将永远置身痛苦孤寂。痛苦将是你永远的生活状态，你的痛苦不会有尽头。

然而没有一个"今天"会成为永恒，宇宙中没有任何事物是静止不动的。倾盆大雨之后，总会有璀璨的阳光和壮丽的彩虹。"一切都会过去"的谚语，提醒我们世界永远在变化，唯有变化是唯一不变的真理，悲哀总会变为欢乐。

不要为一时的不幸而为整个人生设限，能够从一件失败的事情当中站起来的人，就是英雄。

自助者天助

宋朝著名的禅师大慧，门下有一个弟子道谦。道谦参禅多年，仍无法开悟。一天晚上，道谦诚恳地向师兄宗元诉说自己不能悟道的苦恼，并求宗元帮忙解惑。

宗元说："我能帮你的忙当然乐意之至，不过有三件事我无能为力，你必须自己去做！"

道谦忙问："是哪三件？"

宗元说："当你肚饿口渴时，我的饮食不能填你肚子，我不能帮你吃喝，你必须自己饮食；当你想大小便时，你必须亲自解决，我一点也帮不上忙；最后，除了你自己之外，谁也不能驮着你的身子在路上走。"

道谦听罢，心扉豁然洞开，快乐无比，他感到了自我的力量。

当一个人陷入困境时，首先要抱着自己救自己的信念，积极寻找解决之道。因为，有些事是别人不能代替你做的。而积极自助的人，也会得到别人的帮助。如果一味地埋怨、诅咒，甚至自我放弃，不仅于事无补，也将失去别人的帮助。

一位富甲一方的企业家到一个贫困地区考察。当他目睹当地一户贫困人家吃饭的情形时禁不住落泪了。原来这户人家吃饭的碗竟是几只破得不能再破的陶罐，更让他吃惊的是全家连一双像样的筷子都没有。

这位仁慈的企业家对这户人家很是同情，决定资助他们。可是当他走出这户人家的家门后，马上改变了主意。他看到这户人家的房前屋后都长着适合做筷子的竹子。事情明摆着，像这样的贫困，完全是由于他们缺乏改变困境的能力，通过资助是解决不了根本问题的。

另一个家庭同样很贫穷。女主人的丈夫早年病逝，家里欠下了巨额外债，留下两个孩子，其中一个还有残疾。女工凭微薄的薪水既要养活3个人，还要偿还债务。但这位女工脸上的笑容就像她的房间一样明朗。漂亮的门帘是她自己用纸做的，厨房里的调味品虽然只有油和盐，但油瓶和盐罐都擦得干干净净。她剪下旧鞋的鞋底，再用旧毛线织出带有美丽图案的鞋帮，穿着既好看又暖和。

女工逢人就说，家里的冰箱洗衣机都是邻居淘汰下来送给她的，用着很好；孩子都很懂事，做完功课后还帮她干活……

很明显，虽然目前这两个家庭都很贫穷，但女工的家庭贫穷只是暂时的，因为凭着她的乐观积极的行动，必将很快改变自己及家人的处境。

记得这样一则故事：四川有一穷一富两个和尚，都想去南海，富和尚打算驾舟前往，准备多年但终未成行；而穷和尚靠着一路步行化斋，3年后终于由南海而返。"天下事有难易乎？为之，则难者亦易矣；不为，则易者亦难矣。"改变困境并不难，只要积极行动就够了。

客观困难谁都会遇到，也不可否认它们对事情发展产生的阻碍作用；但懒惰，不思进取，自暴自弃，这些不良的主观因素才是导致人陷入困境的直接原因。成功者之所以能够登高望远，有所建树，靠的是"板凳要坐十年冷"的执着、"搜尽奇峰打草稿"的积淀和"三更灯火五更鸡"的勤奋。要想有所改变，就应该立即行动、勤奋耕耘。

自立自助者才能自救，遇到困难的时候不要首先想到寻求别人的帮助，自己可以办到的事情，先自己动脑筋想一想，动动脑子，问题或许很快就迎刃而解了。

借助微笑的力量

曾看到一篇题为《第八次微笑》的文章，读后让人难忘：飞机起飞前，一位乘客请求空姐给他倒一杯水服药，空姐很有礼貌地说："先生，为了你的安全，等飞机进入平稳飞行后，我会立刻把水给送来。"可是，等飞机起飞后，这位空姐却把这件事给忘了，待乘客的服务铃急促地响起来时才想起送水的事情。空姐小心翼翼地微笑着对那位乘客说："对不起，先生，由于我的疏忽延误您吃药的时间，我感到非常抱歉。"那位乘客严厉地指责了空姐，说什么也不肯原谅，并说要投诉她。

接下来的飞行中，空姐一次又一次微笑着询问那位乘客是否需要帮助，但那位乘客不理不睬。临到目的地时，那位乘客要求空姐把留言本给他送来，很显然要投诉她。此时空姐心中十分委屈，但她仍然显得很有礼貌，微笑着说："先生，请允许我再次向您表示真诚的歉意，无论您提什么意见，我都将欣然接受。"那位乘客准备说什么却没开口。

飞机降落乘客离开后，空姐不安地打开留言本，她惊奇地发现那位乘客在本子上写的并不是投诉信，而是一封热情洋溢的表扬信。信中有这样一段话："在整个过程中，你表现出的真诚歉意，特别是您的第八次微笑深深地打动了我，使我最终决定将投诉信改成表扬信。你的服务水平很高，下次如有机会，我还会乘坐这趟航班。"

是什么力量使那位乘客的心情由阴转晴，不仅放弃了投诉，还写出热情洋溢的表扬信呢？是空姐那一次又一次的微笑打动了他。据心理学家研究，微笑与形象之间有着一种微妙、奇特的关系。微笑作为一种面部表情，它不仅是形象的外在表现，而且也反映着人的内在精神状态。一个面带真诚微笑的人，往往会是一个奋发进取、乐观向上的人，一个对工作、生活、亲人、朋友充满热情的人。

微笑能够打动人心，并能帮助你使看似不可能的事成为可能。希尔顿饭店的成功，也正是得益于希尔顿的"微笑服务"策略。

1919年，希尔顿把自己好不容易赚来的3000美元以及父亲留给他的1.2万美元全都投资出去，开始了他在饭店业的冒险生涯。

凭借着精准的眼光与良好的管理，很快，希尔顿的资产就由1.5万美元奇迹般地扩增到几千万美元，他欣喜地把这个好消息告诉了自己的母亲。

可是，母亲意味深长地对希尔顿说："我想，对我来说钱多钱少，你还是以前的你，没有什么两样。你必须把握比5000万美元更值钱的东西——除了对顾客诚实外，还得想办法让在希尔顿饭店住过的人记住这里。你得想一种简单、容易，又不花钱且能行之久远的办法来吸引顾客。只有这样，你的饭店才有前途，也才能立于不败之地。"

母亲的话让希尔顿猛然醒悟，自己的饭店确实面临着这样的问题。于是，他每天都到商店和饭店里参观，以顾客的身份来感受一切，他终于得到了一个答案："微笑服务。"只有这种服务方式，才能实实在在地吸引顾客记住这里。

从此之后，希尔顿就在饭店里引入了"微笑服务"的经营策略。他要求每一个员工不管多么辛苦，都要对顾客报以微笑，就连他自己都随时保持微笑的姿态。

所以，在美国经济危机爆发的几年中，虽然有数不清的大饭店纷纷倒闭，最后仅剩下20%的旅馆惨淡经营。但正是在这样残酷的环境中，希尔顿饭店的服务人员却依然保持着微笑。因此，经济危机引起的大萧条刚刚过去，希尔顿饭店就率先进入黄金时代，并将触角延伸到世界各地。

生命中免不了会有伤痛与挫折，但是要调整好自己的心态，时刻记住运用微笑打动对方。微笑可以给你带来温馨、友谊和成功。

学会努力尝试

听说一所初中招聘教师，在小学已待了两年的小王想换个环境，以利自己今后的发展。准备材料，演讲，试教，一路拼搏，竟也通过了。

去学校报到那天，会议室已坐满了人，估计是全校的教师都来了。新招聘来的老师做了自我介绍后，校长就给大家分配工作。念到小王时，她大吃一惊：学校安排她带初一的英语。

这可真是让小王为难。读书时，小王的英语成绩一直不好，自己都没有一桶水怎么能给学生一碗水呢？会后，小王向校长解释了情况，校长听后一笑说："你就别谦虚了，相信自己，一定能教好的。"

小王听了真是哭笑不得。初来乍到，给人留个好印象非常重要。为不让人说她挑三拣四，她硬着头皮挺了上去。

就这样，她把休息日都交给了ABC，翻资料、听录音、请教别人，就连吃饭、睡觉时也不忘在嘴里嘟囔几句手里比画几下，同事们都说她神经兮兮的。一学期下来，她所带的班级期末统考竟排在年级前三名之列，上的公开课还得到了教研员的赏识和好评，还在几家教学刊物上发表了多篇业务论文。

在一次偶然的交谈中，小王从校长口中得知，他早就了解了小王的有关情况，无奈当时学校英语老师极其匮乏，才出此下策。

求学时，小王的几门功课中英语最差，也曾努力过，可没多大效果，认为自己没这方面的天赋，只得任其随波逐流。而这次之所以能将英语方面的潜能发挥出来，则是因为小王面对压力，没有退路。压力之下，潜能得到了激发，从而帮她走出了困境。

事实上，每个人的体内都潜伏着巨大的才能，但这种潜能酣睡着，一旦被激发，便能做出惊人的事业来。

在美国西部某市的法院里有一位法官，他中年时还是一个不通文墨的铁匠。到60岁的时候，他却成了全城最大的图书馆的主人，获得许多读者的赞誉，被人认为是学识渊博、为民谋福利的人。这位法官唯一的愿望，就是帮助同胞们接受教育，获得知识。而他自身并没有接受过系统的教育，为何会产生这样的宏大抱负呢？原来他是偶然听了一篇关于"教育之价值"的演讲。演讲唤醒了他潜伏着的才能，激发了他远大的志向，从而使他做出了这番造福当地民众的事业来。

在人的一生中，无论何种情形下，你都要不惜一切代价，走入一种可能激发你的潜能的气氛中，可能激发你走上自我发达之路的环境里。努力接近那些了解你、信任你、鼓励你的人，这对于你日后的成功，具有莫大的影响。你更要与那些努力要在世界上有所表现的人接近，他们往往志趣高雅、抱负远大。接近那些坚持奋斗的人，你在不知不觉中便会深受他们的感染养成奋发有为的精神。如果你做得还不十分完美，那些在你周围向上攀登的人，就会来鼓励你做更大的努力、做更艰苦的奋斗。

面对困境，不要胆怯退缩，勇敢地迎接，将困境作为挖掘自己潜力的机会。

心中永远有希望

　　亚历山大大帝给希腊世界和东方的世界带来了文化的融合，开辟了一直影响到现在的丝绸之路的丰饶世界。据说他投入了全部青春的活力，出发远征波斯之际，曾将他所有的财产分给了臣民。

　　为了登上征伐波斯的漫长征途，他必须买进种种军需品和粮食等物，为此他需要巨额的资金，但他已经把自己所有的财宝和土地，全部分给臣民了。

　　大臣庞尔狄迦斯对亚历山大处境和打算深表忧虑，便问他："陛下带什么启程呢？"

　　亚历山大回答说："我只有一个财宝，那就是'希望'。"

　　庞尔狄迦斯听了这个回答后说："那么请允许我们也来分享它吧。"于是他谢绝了分配给他的财产，随后许多大臣也仿效了他的做法。

　　在人生的征途中，最重要的既不是财产，也不是地位，而是在自己胸中像火焰一般燃烧的信念，即希望。因为只有那种毫不计较得失、为了巨大希望而活下去的人，才会在困难面前永不退缩；只有与时俱进、终生怀有希望的人，才是具有最高信念的人，才会成为人生的胜利者。

　　有位医生素以医术高明享誉医学界，事业蒸蒸日上。但不幸的是，就在某一天，他被诊断患有癌症。这对他无疑是当头一棒。他一度情绪低落，但最终还是接受了这个事实，而且他的心态也为之一变，变得更宽容、更谦和、更懂得珍惜所拥有的一切。在勤奋工作之余，他从没有放弃与病魔搏斗。就这样，他已平安度过了好几个年头。有人惊讶于他的现状，就问他是什么神奇的力量在支撑着他。这位医生笑盈盈地答道：是希望。几乎每天早晨，我都给自己一个希望，希望我能多救治一个病人，希望我的笑容温暖每个人。

人都会有倦困的时刻，无论是工作还是生活，倦了、累了、疲了、乏了、厌了……如何重整旗鼓，让自己保持旺盛的生活、工作动力，是我们一生都要面对的事情。因为生活具有不可知性，便也决定了困苦的不可知，如果困苦大得让我们难以负担，我们该如何面对？如果你心中的希望大过失望，你就一定有咬牙坚持下去的力量。

如果你想拥有一个快乐的人生，就必须以无比的信心及希望，克服多疑及绝望的心态。太早失去希望的人，将会失去一切；从未放弃希望的人，最后将赢得人生。

放下包袱

由于外敌侵略，一个小部落的人纷纷离开家乡去逃难。

大家逃到河边，挤到仅有的一条小船上，刚要开船，岸边又来了一个人。

他不断挥手，要求把他捎上，船家说："船已经超载了，你得把你背的那个大包袱扔掉，不然会把船压沉的。"

那人犹豫不决，因为他背的都是非常重要的东西。

船家说："谁又没有舍不得扔的重要东西呢？可是他们都扔掉了，如果不扔，船早就压沉了。"

那人还是下不了决心。

船家说："你想想看，到底是人重要还是包袱重要？这一船人重要还是你一个人重要？你总不能让这一船人都为你的包袱提心吊胆吧？"

事情就是这样简单，无论面临多么艰难的处境，你都要把心理上的包袱扔掉，因为它虽然只属于你一个人，但是由于你背着它不肯放下，整整一船人都感受到它的巨大压力，这一船为你提心吊胆的人里，有你的父母、你的兄弟、你的姐妹，还有你的朋友……

一位哲人说过："很多时候，我们看到的是一些并不重要的地方：别人事情做了没有？做对了没有？做好了没有？如果别人做的事情与我们有直接的关系或有不良的影响，马上会成为我们的负担。其实这是他们的问题，别人的行为对我们应该是没有关系的，所以我们应该放下这些包袱，不要把注意力集中在一些不属于我们的问题上。"

很多小事加在一起就会变成大事，尤其是当我们把注意力集中在这些事情上的时候，我们会越来越放不开，直到这些事情成为我们生活的全部。如果经常处于紧张、忧虑的状态，久而久之，我们就会失去本应有的观察力和判断力。

这时候我们应该问问自己，是不是已经被一些事情不知不觉地控制，而失去了做人的自由？

生活中，权力、金钱、荣誉、生命、美貌、功名……如果不能正确对待，如果太贪婪了，想全部把它们占为己有，这些东西就会变成沉重的包袱。直到有一天，我们无法再承受这种负担，而对生活失去了兴趣，一切就晚了。

最好的方法是自己解放自己，找回自我。犹如我们站在宇宙看世界一样，世界是那么渺小，这样我们便会放下包袱了。如果拥有了这种能力，也就是达到了一个自由境界，并流露出发自内心的轻松、舒服与自豪。

钱学森宁愿回国忍受艰苦环境所带来的不便，也不愿在心中留下享受美国高薪聘请所带来的沉重包袱；爱因斯坦轻松地拒绝了有着强大诱惑力的以色列总统职位的包袱，在科学领域做出了不可磨灭的贡献……伟人们的行为是我们最好的教材。

放下手中的包袱，放下心中的包袱，才能轻装前进。

拥有健康的心灵

一个人如果下决心要成为什么样的人，或者下决心要做成什么样的事，那么，意志力就会站在他的一边，使他心想事成，如愿以偿。哪怕他是个身有残疾的人，也能做出一个健康人的成就。

罗伯特·巴拉尼1876年出生于奥匈帝国首都维也纳，他的父母均是犹太人。他年幼时患了骨结核病，由于家庭经济不宽裕，此病无法得到根治，使他的膝关节永久性僵硬了。父母为自己的儿子伤心，巴拉尼当然也痛苦至极。但是，懂事的巴拉尼，尽管年纪才七八岁，却把自己的痛苦隐藏起来，对父母说："你们不要为我伤心，我完全能做出一个健康人的成就。"

巴拉尼从此狠下决心，埋头读书。父母交替着每天接送他到学校，一直坚持了10多年，风雨无阻。巴拉尼没有辜负父母的心血，也没有忘掉自己的誓言，读小学、中学时，成绩一直保持优异，名列前茅。

18岁他进入维也纳大学医学院学习，1900年，获得了博士学位。大学毕业后，巴拉尼留在维也纳大学耳科诊所工作，当一名实习医生。由于巴拉尼工作很努力，该大学医院工作的著名医生亚当·波利兹对他很赏识，对他的工作和研究给予热情的指导。巴拉尼对眼球震颤现象进行了深入研究和探源，经过3年努力，于1905年5月发表了题为《热眼球震颤的观察》的研究论文。这篇论文的发表，引起了医学界的关注，标志着耳科"热检验"法的产生。巴拉尼再深入钻研，通过实验证明内耳前庭器与小脑有关，从此奠定了耳科生理学的基础。

1909年，著名耳科医生亚当·波利兹病重，他把耳科研究所的事务及在维也纳大学担任耳科医学教学的任务，全部交给了巴拉尼。繁重的工作担子压在巴拉尼肩上，他不畏劳苦，除了出色地完成这些工作外，还继续对自己的专业进行深入研究。1910—1912年间，他的科研成果累累，先后发表了《半规管的生理学与病理学》和《前庭器的机能试验》两本著作。由于他工作和科研有突破性的贡献，奥地利皇家授予他爵位。1914年，他获得了诺贝尔生理学及医学奖。

巴拉尼一生发表的科研论文184篇，治好许多耳科绝症。他的成就卓著，当今医学上探测前庭疾患的试验和检查小脑活动及其与平衡障碍有关的试验，都是以他的姓氏命名的。

心灵的健康，使得巴拉尼的人生毫无缺憾。肢体上的障碍，在他的乐观面对下，转化为成功的荣耀。这样一位为生命讴歌的勇者，让人们体会到，生命真正的价值，是拥有健康的心灵。

身体上的残疾不会阻碍一个人的成功，只要你还拥有一颗健康的心灵。

不妨弯曲

　　加拿大魁北克有一条南北走向的山谷。山谷没有什么特别之处，唯一能引人注意的是它的西坡长满松、柏、女贞等树，而东坡却只有雪松。这一奇异的景观，令许多人大惑不解。揭开这个谜的，是一对夫妇。

　　1993年冬天，这对夫妇的婚姻正濒于破裂的边缘，为了找回昔日的爱情，他们打算做一次浪漫之旅，如果能找回就继续生活，否则就友好分手。他们来到这个山谷的时候，下起了大雪，他们支起帐篷，望着满天飞舞的雪花，发现由于特殊的风向，东坡的雪总比西坡的大且密。不一会儿，雪松上就落了厚厚的一层雪。不过，当雪积到一定程度，雪松那富有弹性的枝丫就会向下弯曲，直到雪从枝上滑落。这样反复地积雪、压弯、坠落，雪松竟然完好无损。但其他的树木，却因没有这个本领，树枝被压断了。妻子发现了这一景观，对丈夫说："东坡肯定也长过杂树，只是不会弯曲才被大雪摧毁了。"少顷，二人突然明白了什么，拥抱在一起。

　　生活中我们承受着来自各方面的压力，日积月累，终于使我们难以承受。这时候，我们需要像雪松那样弯下身来，释下重负，才能够重新挺立，避免被压断的结局。弯曲，并不是低头或失败，而是一种弹性的生存方式，是一种生活的艺术。

有一位计算机博士想找一份工作，奔波多日，四处碰壁，一无所获。万般无奈，他来到一家职业介绍所，没出示任何学位证件，以最低的身份做了登记。出乎意料的是，居然很快接到职介所的通知，他被一家公司录用了，职位是程序输入员。对一位计算机博士来说，这个职位显然是大材小用了。但是他很珍惜这份工作，因而干得很投入、很认真。不久，老板发现这个小伙子能察觉出程序中不易察觉的问题，其能力非一般程序输入员可比。此时，他亮出了学士证书，老板给他换了相应的职位。过了一段时间，老板发觉这位小伙子能提出许多有独特见解的建议，其本领远比一般大学生高明。此时，他亮出了硕士证书，老板立刻提拔了他。又过去了半年，老板发觉他能解决实际工作中遇到的所有技术难题，于是决意邀他晚上去家中喝酒。酒席桌上，在老板再三盘问下，他才承认自己是计算机博士，因为工作难找，就把博士学位瞒了下来。第二天一上班，他还没来得及出示博士证书，老板已宣布他就任公司副总裁。

毋庸置疑，这位计算机博士深谙"弯曲"二字的真谛。人生之旅，坎坷多多，难免直面矮檐，遭遇逼仄。弯曲，就是在生命不堪重负的情况下，效仿雪松柔韧的品格，适时适度地低一下头，躬一下腰，抖落多余的沉重，以求走出屋檐而步入华堂，避开逼仄而迈向辽阔，唯有如此，人生之旅方可伸缩自如，游刃有余，步履稳健，一路走好。

做人能懂得弯曲并敢于弯曲，是一种本领，更是一种境界。

③ *Chapter 3*

重大抉择时的冷静

摆正自己的位置

10多年前，三井商社在伦敦分行雇了一位英国人守卫。这位守卫是一位做事认真，且有条理、一丝不苟的人，很多人都觉得，这样的人当一位守卫实在可惜。

有一天，分行经理召见他说："我想提升你，让你当办事员。薪金也可以多加一点，不知你意下如何？"

然而，这位守卫先是默不作声。过了一会儿，出乎经理意料的是，他竟然对这个提议表示难以接受，他说："难道我有什么差错吗？我已经干了20年的守卫。但我没做过一次对不起你们的事情！为什么要把我宝贵的经验一笔勾销，调我去做生疏的工作呢？我认为这是对我的侮辱。"

任何人都有升迁更高地位、拿更多的待遇的欲望。但这位守卫却主动拒绝了升迁的机会，难道他不喜欢更多的薪水？当然不是。这位守卫无疑是个清醒理智的人，他觉得自己适合干的就是守卫的工作，于是他把自己定位在守卫这个位置上。

人贵有自知之明，每个人都应当对自己的素质、潜能、特长、缺陷、经验等各种基本能力有一个清醒的认识，对自己在社会工作生活中可能扮演的角色有一个明确的定位。当面临重大抉择时，才能不为名利所诱惑，摆正自己的位置。

有一项调查显示：约70%的人是因为自己不适合目前的工作

才被老板炒掉，而不是因为他没有工作能力。不同的人会有不同的职场定位，给自己准确定位，知道自己能干什么、不能干什么，才能逐步走向成功。

每个人都有自己的长处和短处，月薪上万元的人不一定能胜任月薪只有几百元的工作，尽管这种工作看起来很简单，比如保安、搬运、清洁、快递等。如果你是一个弱不禁风的书生，哪个公司会雇你去干强体力活呢？即使你要干，也未必能够胜任；如果你是一个专业技术人员，喜欢独自工作，那么让你去当一个大公司的经理，对你来说未必是一件好事；如果你对富有挑战性的工作感兴趣，那你就不会喜欢长时间待在办公室的工作。

有一个公司的中层干部，因为工作成绩突出，受聘担任公司的总经理。事前，他曾和朋友商量是否接受这个职务。朋友认为他当总经理，自己一定能多少沾点光，就极力怂恿他当总经理，他自己也认为当总经理很风光，所以便兴致勃勃地接受了聘任。

但是，两年后，这家公司经营状况每况愈下，此时，传出了要追究总经理责任的风声，他不得不辞去职务。

他为何在低位上获得成功，到了高位后反而失败了呢？事实上，是他不适合总经理这个职务，只是他没有清醒地认识自己罢了。他以为总经理这个职位有很高的地位，工资又高，而且人人想当，就是没想到总经理的职责，没想到要付出哪些东西。他没有衡量自己到底有几斤几两，以为天上掉下一个大馅饼，乐呵呵地接受了，失败也就在所难免。

曾跟某报社一位副社长聊天，问他："您上面换了两个社长，您觉得跟哪个社长拍档比较好？"他说："人最主要是要摆正自己的位置，如果本着一个适应环境的心态去开展工作，努力完成自己作为配角的工作任务，上面怎么换都无关紧要。因为任何一个领导都希望有人来配合他做一番事，我可能做不好一把手的工作，但我敢说做配角可能社长都不如我。"

这位副社长的一番话，既道出了自己的人生哲学，也点明了自己做事的态度：绝不越俎代庖，做好一个配角应该做的事。正是遵循这一套富有哲理的人生理念，这位副社长在一个局里做副局长多年，一直有着良好的人际关系。十几年的配角工作，并且每一个主角都不讨厌他，确实难能可贵。

俗话说"筷子夹菜勺舀汤"。在刻意钻营名利的世界里，能摆正自己的位置，热爱自己的工作并渴望达到真善美的完美境界的人，实属可贵。

看到事情的另一面

两个天使到一个富有的家庭借宿。这家人对他们并不友好，并且不让他们在舒适的客人卧室过夜，而是在冰冷的地下室给他们找了一个角落。当他们铺床时，年纪大的天使发现墙上有一个洞，就顺手修补好。年轻的天使问为什么，老天使答道："有些事并不像它看上去那样。"

第二晚，两人又到了一个非常贫穷的农家借宿。主人夫妇俩对他们非常热情，把仅有的一点点食物拿出来款待客人，然后又让出自己的床铺给两个天使。第二天一早，两个天使发现农夫和他的妻子在哭泣，他们唯一的生活来源一头奶牛死了。年轻的天使非常愤怒，他质问老天使为什么会这样，第一个家庭什么都有，老天使还帮助他们修补墙洞，第二个家庭尽管如此贫穷还是热情款待客人，而老天使却没有阻止奶牛的死亡。

"有些事并不像它看上去那样。"老天使的回答和上次一样，"当我们在地下室过夜时，我从墙洞看到墙里面堆满了金块。因为主人被贪欲所迷惑，不愿意分享他的财富，所以我把墙洞填上了。昨天晚上，死亡之神来召唤农夫的妻子，我让奶牛代替了她。"

人的一生常常要面临很多抉择，也许一步走错全盘皆输。这时，就要求我们能像那位老天使一样，洞察事物的实质，看清事物的真相，才能做出正确的选择，虽然有时正确的选择在别人看来不合常理。

表面好的不一定是好的，表面不好的不一定是坏的。人总是容易被事物的外表所蒙蔽，却忽略美丽的陷阱和真正的机遇。

陷阱往往有完美的伪装，人们不应该只看到事物的表面而应该看清事物的实质。可是如果真的那么容易看出就不是陷阱了，所以有些人开始畏惧抉择了。那么他们不但错过了机遇也失去了锻炼自己的机会。

社会很复杂，机遇和陷阱没有绝对的界限。如果你善于抉择，陷阱也可能变成机遇。

这就要求我们不要被事物的表象所迷惑，有的事物表象华丽，本质却肮脏。有的事物表象平淡无奇，但它的本质却美妙无穷。

有些时候事情的表面并不是它实际应有的样子。因此，在做出决定之前，一定要弄清事情的真相。

如何生活取决于你的选择

有3个人要被关进监狱3年，监狱长说可以满足他们3个人每人一个要求。

美国人爱抽雪茄，要了3箱雪茄。

法国人最浪漫，要一个美丽的女子相伴。

而犹太人说，他要一部与外界沟通的电话。

3年过后，第一个冲出来的是美国人，嘴里鼻孔里塞满了雪茄，大喊道："给我火，给我火！"原来他忘了要火了。

接着出来的是法国人。只见他手里抱着一个小孩子，美丽女子手里牵着一个小孩子，肚子里还怀着第三个。

最后出来的是犹太人，他紧紧握住监狱长的手说："这3年来我每天与外界联系，我的生意不但没有停顿，反而增长了200%，为了表示感谢，我送你一辆劳斯莱斯！"

这个幽默故事启示我们，什么样的选择决定什么样的生活。你选择什么，生活就会给予你什么。

杰克总是情绪饱满，并且总能说些积极的话，当有人问他过得怎么样时，他总是说："如果我能更好些，是因为我希望自己能更好些。"

有人好奇地问他："我不明白，你不可能一直那么积极。你是怎么做到的呢？"

杰克回答："每天起床后，我都会告诫自己：'杰克，今天你有两种选择，要么选择好心情，要么选择坏心情。'而我就选择了好心情。每次有糟糕的情形发生，我要么做一个受害者，要么从中学到一些教训。而我总是选择从中学到教训。每次有人来找我抱怨，我可以倾听他们抱怨，也可以为他们指出生活中积极的一面。我选择告诉他们积极的一面。"

"不错，可那并不容易啊？"

"不，其实很容易。"杰克接着说，"生活总是充满了选择，你会遇到各种各样的事情，你选择对这些情况做出什么反应，别人怎么影响你的情绪，是要好心情还是要坏心情。归根到底，如何生活取决于你的选择。"

你的生活取决于你自己，正如毕加索所说，画的好坏取决于画家的眼睛，生活也是如此。

世界是多彩的，世事是多变的。我们来到这世上，大部分人都是平凡无奇地度过一生，无绚丽，无颂歌。可我们每一个人都有选择人生的权利。知足，然后能无为；知不足，方能有所为。领悟了这一点，人活着就会清醒而不盲目，奋发有为而不至于庸碌一生。选定人生奋斗目标，便不懈努力，持之以恒，是一种智慧，也是幸福。

选择什么样的思想，就选择什么样的行为。选择什么样的行为，就选择什么样的习惯。选择什么样的习惯，就选择什么样的性格。选择什么样的性格，就选择什么样的人生。

戒除贪欲之心

小邹是一家大公司的技术部经理，能说会道，办事果断，有魄力，很受老板的器重。

有一天一位港商请他喝酒，港商说："最近我和你们公司在洽谈一个合作项目，如果你能把相关的技术资料提供给我一份，这将会使我在谈判中占据主导地位。你帮我的忙，我不会亏待你的，如果成功了，我给你15万元报酬。这事只有天知、地知、你知、我知，对你没有一点影响。"说着，港商就把15万元的支票递给了邹斌，在巨大经济利益诱惑下，邹斌心动了。

谈判中，小邹所在的公司损失很大。事后，公司查明了真相，辞退了小邹，连那15万元也被公司追回以赔偿损失。

在金钱诱惑面前，出卖别人，也是出卖自己，你的身上将背着一辈子都擦拭不掉的污点，还有人敢相信你吗？没有！当一个人失掉忠诚时，连同一起失去的还有一个人的尊严、诚信、荣誉以及一个人的真正前程。

同样的事也发生在小金身上。小金是一家小公司技术部工程师。这家小公司时刻面临着规模较大公司的压力，处境很难。有一天一家大公司的技术部经理邀请小金共进晚餐，饭桌上，这位经理问小金："只要你把公司里最新产品的数据资料给我，我会给你很好的回报，怎么样？"

一向温和的小金愤怒了："不要再说了！我的公司虽然效益不好，处境艰难。但我决不会出卖我的良心做这种见不得人的事，我不会答应你的任何要求。"

不久，小金所在的公司因经营不善而破产了。小金也失业了，一时很难找到适合的工作。没过几天，他突然接到这家大公司总裁的电话，让他去一趟总裁办公室。

小金百思不得其解，不知"老对手"公司找他什么事。他疑惑地来到了这家大公司，出乎意料的是，这家大公司的总裁热情地接待了他，并且拿出一张大红聘书——请小金去公司做"技术部经理"。

小金惊呆了，喃喃地问："你为什么这样相信我？"

总裁哈哈一笑说："原来的技术部经理退休了，他向我说起了那件事并特别推荐你。小伙子，你的技术水平是出了名的，你的正直更是让我佩服，你是值得我信任的那种人！"

小金一下子醒悟过来了。后来，他凭着自己的技术和管理水平，成了一流的企业经理人。

一个不为诱惑所动、能够经得住考验的人，不仅不会失去机会，相反会赢得机会。此外，他还能赢得别人对他的尊重。

不要为眼前的名利所诱惑而做出后悔莫及的选择。付出总有回报，忠诚别人的同时，你也会获得别人对你的善待。

冷静一下再做决定

小王对朋友诉苦说："我要离开这个公司。我恨这个公司！"然后诉说了一堆怀才不遇、人际关系难处等烦恼。

朋友建议道："我举双手赞成你报复！这样的破公司一定要给它点颜色看看。不过你现在离开，还不是最好的时机。"

小王问："为什么？"

朋友说："如果你现在走，公司的损失并不大。你应该趁着在公司的机会，拼命去为自己拉一些客户，成为公司独当一面的人物，然后带着这些客户突然离开公司，公司才会受到重大损失，陷入被动。"

小王觉得朋友的话非常在理，于是他开始努力工作。果然，事遂所愿，半年后他有了许多忠实客户。

再见面时朋友问小王："现在是时机了，要跳赶快行动哦！"

小王淡然笑道："老总跟我长谈过，准备升我做总经理助理，我暂时没有离开的打算了。现在想来，以前其实都是我不够努力的缘故。幸好听了你的劝告，否则后悔莫及了。"

其实这也正是朋友的初衷。

在工作和生活中，我们常会遇到自己感觉不公平、不开心的事，这个时候千万不要因为心里有怨气，就一时冲动，做出不顾后果的决定。不妨先冷静一段时间，认真地反省自己，分析形势，你会发现，许多问题并不是想象的那样。

每个人都想成功，但切不可因为急于求成而在冲动之下做出不妥的决定。

有个业务员到一家公司谈业务，本来，凭产品的实力和他的努力，做成这笔业务是有希望的。但是，他到公司采购主管那儿，对方表示要考虑的时候，他未加考虑，便很冲动地抛出了一个诱饵：回扣！他不知道，这个采购主管也是公司的股东，最怕的就是采购这个环节出问题，所以他才亲自把关。交易的大门就这样被他自己关上了，甚至连以后的合作都没有机会了，因为公司怕他再腐蚀其他人。朋友的一时冲动让他失去了一个很好的合作机会。

还有一个朋友，是做电脑生意的，参与一笔单子（40台电脑）的投标，他怕这个单子给别人抢去，冲动之下，报了一个超低的价格。中标后，却唉声叹气，要亏本了，当然，如果按合同交货，他可能只亏一点点。但是，朋友在利益驱使的情况下，头脑发热，把硬盘偷偷地换成了档次低的，交货后，没多少天，被客户发现了，要告上法庭，最后达成和解，赔偿了一大笔，算是亏到家了。一时冲动，不仅让朋友亏了金钱，更损失了信誉。

冲动是魔鬼，当你情绪冲动时，最好不要忙着做决定，不妨先冷静下来，三思而后行，避免因为冲动的决定而遭受损失。

生意是做不完的，钱也是挣不尽的。在考虑经济价值的同时，我们也应该考虑一下人生的价值，这样，我们的行动就有了明确的方向和目标。

常怀仁爱之心

这是发生在英国的一个真实故事。

有位孤独的老人，无儿无女，又体弱多病。他决定搬到养老院去度过晚年。当老人宣布出售他漂亮的住宅后，购买者闻讯蜂拥而至。住宅底价8万英镑，但人们很快就将它炒到了10万英镑，而且还在不断攀升。老人深陷在沙发里，满目忧郁，是的，要不是健康情形不行，他是不会卖掉这栋陪他度过大半生的住宅的。

一个衣着朴素的青年来到老人眼前，弯下腰，低声说："先生，我也好想买这栋住宅，可我只有1万英镑。可是，如果您把住宅卖给我，我保证会让您依旧生活在这里，和我一起喝茶、读报、散步，天天都快快乐乐的——相信我，我会用整个心来照顾您！"

老人颔首微笑，把住宅以1万英镑的价钱卖给了他。

这个故事启示我们，生意场上不一定非得要冷酷地厮杀和欺诈，有时，只要你拥有一颗仁爱之心就够了。

无论是生意场上，还是生活中和别人相处，都应该怀有仁爱之心，在做决定时，多替对方考虑。爱别人，也就是爱自己。

在一场激烈的战斗中，一名上尉忽然发现一架敌机向阵地俯冲下来。照常理，发现敌机俯冲时必须迅速卧倒。可上尉并没有立刻卧倒，他发现离他四五米远处有一个小战士还站在那儿。他顾不上多想，一个鱼跃飞身将小战士紧紧地压在身下。此时一声巨响，飞溅起来的泥土纷纷落在他们的身上。上尉拍拍身上的尘土，回头一看，顿时惊呆了——刚才自己所处的那个位置被炸成了一个大坑。这也许是个巧合，但肯定的是，这位上尉对战士的仁爱之心救了战士，也救了自己。

一个对他人，对社会常怀仁爱之心的人，必定会布施行善，多给予、少掠取，使自己的心灵富足。荀子言："积善成德，而神明自得，圣心备焉。"人的一生，为他人付出得越多，他的心就越富足，他就越过得胸怀坦荡，泰然自若。一个人给予的越少，他的心灵就越干枯，他就越过得心神不宁、惴惴不安。

在别人遇到困难时伸出援助之手；与人发生矛盾时用宽容和爱心化解心灵的隔阂，让友谊长在。爱他人，宽容他人，才能享受到生活的美好。

机遇不是等来的

一个人茫然地靠在一块大石头上，懒洋洋地晒着太阳。

这时，从远处走来一个怪物。

"年轻人，你在做什么？"怪物问。

"我在这儿等待时机。"他回答。

"等待时机？哈哈！时机什么样，你知道吗？"怪物问。

"不知道。不过，听说时机是个很神奇的东西，它只要来到你身边，那么，你就会走运，或者当上了官，或者发了财，或者娶个漂亮老婆，或者……反正，美极了。"

"咳！你连时机什么样都不知道，还等什么时机？还是跟着我走吧，让我带着你去做几件于你有益的事吧！"怪物说着就要来拉他。

"去去去！少来添乱！我才不跟你走呢！"他不耐烦地说。

怪物叹息着离去。

一会儿，一位长髯老人来到他面前问道："你抓住它了吗？"

"抓住它？它是什么东西？"他问。

"它就是时机呀！"

有句话说得好，机遇只青睐有准备的头脑。不要做一个守株待兔的蠢人，要积极行动，不断为自己创造时机，才能在人生的竞赛中获胜。

小马在合资公司做白领，觉得自己满腔抱负却没有得到上级的赏识，经常想：如果有一天能见到老总，有机会展示一下自己的才干就好了！

小马的同事小杨，也有同样的想法，不同的是，他不仅是想想而已，他还将想法付诸了行动。他打听到老总上下班的时间，算好他大概会在何时进电梯，他也在这个时候去坐电梯，希望能遇到老总，有机会可以打个招呼。

他们的同事小路更进一步。他详细了解了老总的奋斗历程，弄清老总毕业的学校，人际风格，关心的问题，精心设计了几句简单却有分量的开场白，在算好的时间去乘坐电梯，跟老总打过几次招呼后，终于有一天跟老总长谈了一次，不久就争取到了更好的职位。

机会只给准备好的人。"准备"二字，并非说说而已；愚者错失机会，智者善抓机会，成功者创造机会，都是"准备"得够与不够的结果。

不要把问题复杂化

一家公司招聘职员，面试时主考官问了这样一道算术题：10减1等于多少？

一些应试者神神秘秘地趴在主考官的耳边说："你想让它等于几，它就等于几。"

有的人说消费是10减1等于9；有的人说经营是10减1等于12；有的人说贸易是10减1等于15；有的人说金融是10减1等于20；还有的人说贿赂是10减1等于100。

只有一个应试者回答等于9，还有点犹犹豫豫。主考官问他为什么，这位应试者说："我怕照实说，会显得自己很愚蠢，智商低。"然后，他又小声地补充了一句，"对获得一份好工作来说，诚实可能是这个世界上最有用的武器。"

这个诚实人最后被录用了。事后有人问主考官为什么会出这道题。

主考官说，我们公司的宗旨就是"不要把复杂的问题看得过于简单，也不要把简单的问题看得过于复杂"。

在工作和生活中，我们都需要和别人交往沟通。有的人喜欢故弄玄虚，故作高深，故意显示权威，有的人喜欢把别人一句简单的话翻来覆去地想，想出若干种意思。这样一来，说者和听者都互相猜忌，把一个本来很简单的问题复杂化了，甚至违背了事情的本质。

其实，沟通最好的方法就是客观、直截了当。有了客观的意见，就应该直截了当地表达。如果做任何事情都像"打太极拳"，会让人不知所云，也会造成很多误会。有一次，在微软研究院工作的一位研究人员就自己所选择的研究方向来征求李开复的意见，李给他做了一番分析，认为这个方向存在不少问题，而且学术价值不大，但如果他坚持，自己愿意支持他试着去做。这位研究人员认为李的话实际上就是不允许他去做，所以就选择了其他的研究方向。

后来他要出差时，负责行政事务的人告诉他，可以选择坐火车或者坐飞机。他认为行政人员实际上是在暗示他坐火车，因为坐飞机太贵。其实，他的猜测都是错误的。因为李开复和行政人员的沟通方式是直截了当的，而他却在自己心里"打太极拳"。

沟通中的拐弯抹角，言不由衷，会浪费别人的宝贵时间；瞻前顾后，生怕说错话，会使自己变成谨小慎微的懦夫。更糟糕的是还有些人，当面不说，背后乱讲，这样对他人和自己都毫无益处，最后只能是破坏了集体的团结。这样的人和作风既不能面对社会，也不可能在学术研究中走出新路，更不可能在激烈的商战中脱颖而出。

清醒而客观地看待问题，客观而直截了当地和他人沟通，不要将简单问题复杂化，也不要把复杂的问题简单化。

排除消极情绪

有一个人想挂一张画。他有钉子，但没有锤子，于是他打算到邻居那儿去借锤子。

但是他心里有个疑问：要是邻居不愿意把锤子借我，那怎么办？昨天他对我只是漫不经心地打招呼，也许他匆匆忙忙，也许这种匆忙是他装出来的，其实他内心对我是非常不满的。

想到这儿，他已经开始生气了：他凭什么对我不满呢？我又没有做对不起他的事，是他自己在多心罢了。要是有人向我借工具，我立刻就借给他。而他为什么会不借呢？怎么能拒绝帮别人这么点忙呢？而他还自以为我依赖他，仅仅因为他有一个锤子！

于是他迅速跑过去，按响门铃。邻居开门了，还没来得及说声"早安"，这个人就冲着他喊道："留着你的锤子给自己用吧，我受够了。你这个恶棍！"

消极的情绪使这个人假想邻居不会把锤子借给他，并因此做出了辱骂邻居的错误行为。可见，情绪常常左右着我们的行为。消极情绪往往使人丧失自信，畏首畏尾。

小夏是个应届毕业生，从毕业前就开始担心找工作的问题。总感觉自己的专业不够热门，学校也不是名牌，没有竞争优势。而且现在的就业形势不乐观，毕业的学长们也鲜有工作如意者，有的甚至现在还没有稳定的工作。这样的状况让他忐忑不安，对于找工作的事一直没有信心，他觉得自己几乎没有优点可以介绍，简历的制作成了他的心病。在自信心极度匮乏的情况下，他的简历只有看上去敷衍了事的几句话，求职也自然无门。

对一件事，如果自己都认为自己不能胜任，而以消极的心态去面对，又如何说服别人相信你呢？所以，要努力排除消极情绪，不要让它左右自己的决定。以积极的心态面对困难，事情就会慢慢向好的方向发展。

当然，积极的心态不是空穴来风，不会无中生有，也不是变戏法。但是，积极的心态有利于我们客观冷静地思考问题，并找出解决之道。

在看待事物时，应考虑生活中既有好的一面，也有坏的一面，但强调好的方面，就会产生良好的愿望与结果。当你朝好的方面想时，好运便会来到。积极心态是一种对任何人、各种情况和不同环境所把持的正确、诚恳而且具有建设性的思想、行为或反应。积极心态允许你扩展你的希望，并克服所有消极心态。它给你实现欲望的精神力量、感情和信心，积极心态是当你面对任何挑战时应该具备的"我能……而且我会……"的心态。积极心态是迈向成功不可或缺的要素，是成功理论中最重要的一项原则，你可将这一原则运用到你所做的任何工作上。

消极的思想造成错误的行为，积极的心态会挽救可能出现的麻烦和错误。

抓住手边的机会

一个农民从洪水中救起了他的妻子，他的孩子却被淹死了。

事后，人们议论纷纷。有的说他做得对，因为孩子可以再生一个，妻子却不能死而复活。有的说他做错了，因为妻子可以另娶一个，孩子却不能死而复活。

在那个时刻，那个农民究竟是怎么想的呢？有一个人带着疑问去拜访了那个农民。

他答道："我什么也没想。洪水袭来，妻子在我身边，我抓住她就往附近的山坡游。当我返回时，孩子已经被洪水冲走了。根本没想过该先救谁。"

其实，所谓人生的抉择常常如此。不是每一个重大选择都给你足够的时间，进行充分的理性的考虑。这个时候，你必须抓住最可能抓住的机会，否则犹豫之间，手边的机会也会失去。

印度有一位知名的哲学家，天生一股特殊的文人气质，不知迷死了多少女人。某天，一个女子来敲他的门，她说："让我做你的妻子吧！错过我，你将再也找不到比我更爱你的女人了！"

哲学家虽然也很中意她，但仍回答说："让我考虑考虑！"

事后，哲学家用他一贯研究学问的精神，将结婚和不结婚的好坏所在，分别条列下来，才发现，好坏均等，真不知该如何抉择。

于是，他陷入长期的苦恼之中，无论他又找出什么新的理由，都只是徒增选择的困难。

最后，他得出一个结论——人若在面临抉择而无法取舍的时候，应该选择自己尚未经历过的那一个。不结婚的处境我是清楚的，但结婚会是个怎样的情况，我还不知道？对！我该答应那个女人的央求。哲学家来到女人的家中，问女人的父亲说："你的女儿呢？请你告诉她，我考虑清楚了，我决定娶她为妻！"

女人的父亲冷漠地回答："你来晚了10年，我女儿现在已经是3个孩子的妈了！"哲学家听了，整个人几乎崩溃，他万万没有想到，向来自命不凡的哲学头脑，最后换来的竟然是一场悔恨。

面对唾手可得的机遇，不及时抓住，却在那里长久地犹豫，机会自然被白白浪费了。

计算机名人王安博士说，影响他一生的最大教训，发生在他6岁那年。有一天，王安外出玩耍。路经一棵大树的时候。突然有什么东西掉在他的头上。他用手一抓，原来是个鸟巢。他怕鸟粪弄脏了衣服，于是赶紧用手拨开。

鸟巢掉在了地上，从里面滚出了一只嗷嗷待哺的小麻雀。他很喜欢它，决定把它带回去喂养，于是连鸟巢一起带回了家。

王安回到家，走到门口，忽然想起妈妈不允许他在家养小动物的警告。所以，他轻轻地把小麻雀放在门后，匆忙走进室内，请求妈妈的允许。在他的苦苦哀求下，妈妈破例答应了儿子的请求。王安兴奋地跑到门后，不料，小麻雀已经不见了。一只黑猫正在那里意犹未尽地擦拭着嘴巴。

只要是自己认为对的事情，绝不可优柔寡断，必须马上付诸行动。否则便会失去唾手可得的机会。

向自然学习

当你遇到问题，不知道怎么办的时候，顺其自然，也许是最佳选择。

世界建筑大师格罗培斯设计的迪士尼乐园，经过3年的精心施工，马上就要对外开放了。然而，各景点之间的路，该怎样联络还没有具体的方案。

施工部打电报给正在法国参加庆典的格罗培斯大师，请他赶快定稿，以期按计划竣工和开放。

格罗培斯是美国哈佛大学建筑学院的院长、现代主义大师和景观建筑方面的专家，他从事建筑研究40多年，攻克过无数个建筑方面的难题，在世界各地留下70多处精美的杰作。然而，建筑学中最微不足道的一点——路径设计，却让他大伤脑筋。对迪士尼乐园各景点之间的道路安排，他已修改了50多次，没有一次是让他满意的。

接到催促电报，他心里更加焦躁。巴黎的庆典一结束，他就让司机驾车带他去了地中海滨。他想清理一下思绪，争取在回国前把方案定下来。

汽车在法国南部的乡间公路上奔驰，这儿是法国著名的葡萄产区，漫山遍野，到处是当地居民的葡萄园。一路上，他看到无数的葡萄园主，把葡萄摘下来，提到路边，向过往的车辆和行人吆喝，然而很少有停车的。

可是，当他的车子拐入一个小山谷时，发现那儿停满了车。原来这儿是一个无人葡萄园，你只要在路旁的箱子里投入5法郎，就可以摘一篮葡萄上路。据说，这是一位老太太的葡萄园，她因年迈无力料理而想出了这个办法。起初，她还担心这种办法是否能卖出葡萄，谁知在这绵延上百公里的葡萄产区，总是她的葡萄最先卖完。她这种给人自由、任其选择的做法使大师深受启发。他下车摘了一篮葡萄，就让司机掉转车头，立即返回了巴黎。

回到住地，他给施工部拍了封电报：撒上草种，提前开放。

施工部按他的要求在乐园撒下了草种。没多久，小草出来了，整个乐园的空地被绿茵覆盖。在迪士尼乐园提前开放的半年里，草地被踩出许多小径，这些踩出的路径有宽有窄，优雅自然。第二年，格罗培斯让人按这些踩出的痕迹铺设了人行道。1971年在伦敦国际园林建筑艺术研讨会上，迪士尼乐园的路径设计被评为世界最佳设计。

自然界、人世间，万事万物都在按着其固有的规律运动着、发展着。春花秋月，夏荷冬雪；四季交替，日月如梭……种种规律，谁也无法改变。我们所能做的，只是去认识和利用这些规律。当我们面临上述情况时，也只能承认现实或设法避开它们。

当然，"向自然学习"，不是一切随波逐流，自己不作任何努力。向自然学习的本意是：人生一定要努力奋斗，凡是能达到目标，必须坚决达到；哪怕只有1%的希望，也要付出100%的努力。在这时，决不能有一丝的懈怠、一毫的侥幸。所谓"跳起来摘桃子"是也。但是，如果一切办法都试过了，一切的努力都尽到了，结果仍是达不到我们理想的目标，我们就要平静地接受这一现实，完全不必为此而责备惩罚自己。

许多东西是不可以强求的，刻意强求的某些东西或许我们终生都得不到，而我们不曾期待的灿烂，往往会在我们的淡泊从容中不期而至。

不可忽视与轻视细节

　　医生洛克有一次去林场度假，他对伐木这项工作很感兴趣，于是去请教一个老伐木工，了解伐木的一些知识。老伐木告诉他，要是你不知道哪棵树砍了会倒在哪里，就不要去砍它。"树总是朝支撑少的那一方倒下，所以你如果想使树朝哪个方向倒下，只要削减那一方的支撑力便成了。"他说。洛克半信半疑——因为稍有差错，就可能一边损坏一幢昂贵的小屋，另一边损坏一幢砖砌车库。

　　洛克满心焦虑，在两幢建筑物中间的地上画一条线。那时还没有链锯，伐树主要是靠腕力和技巧。老伐木工朝双手啐了一下，挥起斧头，向那棵巨松树身底处1米多的地方砍去。

　　约半个小时后，那棵树果然不偏不倚地倒在线上，树梢离房子很远。不到一个下午，老伐木工已将那棵树伐成一堆整齐的原木，又把树枝劈成柴薪。

　　老伐木工举起斧头扛在肩上，正要转身离去，却突然说："我们运气好，没有风。永远要提防风。"

　　老伐木工的言外之意，洛克在数年后才领悟到。那次他接到了一个心脏移植手术，那次手术想象不到的顺利，病人的复原情况也极好。然而，忽然间一切都出现了不正常，病人死掉了。验尸报告指出病人腿部有一处微伤，伤口感染了肺，导致整个肺丧失机能。那老伐木工的脸蓦地在洛克脑海中浮现。他的声音也响起来："永远要提防风。"简单的事情，基本的道理，需要智能才能了解。那个病人的死，惨痛地提醒洛克功亏一篑这个道理。纵使那个伤口对健康的人无关痛痒，却能夺走一个病人的命。

令千里马失足往往不是在崇山峻岭，而是在柔软青草结成的疙瘩；在通往成功的路途中，真正的障碍，有时只是一点点疏忽与轻视。

胡刚是名牌大学的毕业生，以优异的成绩考入一家省级机关。当时他胸中豪情万丈，一心只想鹏程万里。不料上班以后才发现，每日无非干些琐碎的事务，既不需要太多的智力，也看不出什么成果，热情便在不知不觉中冷却下来。

一次系统开大会，处里彻夜准备文件，分配给他的工作是装订和封套。处长切切叮嘱："一定要做好准备，别到时措手不及。"

他听了心里更是不快，心想，初中生也会做的事，还用得着这样嘱咐？于是根本没理会。同事们忙忙碌碌，他也懒得帮忙，只在旁边看报纸。

文件终于完成，交到他手里。他开始一件件装订，没想到只订了十几份，订书机"咔"地发出空响，书钉用完了。他漫不经心抽开装订书钉的纸盒，脑海里嗡的一声：里面是空的。

所有人都发动起来，到处翻箱倒柜，不知怎么搞的，平时仿佛满坑满谷的小东西，此刻竟连一根都找不到。

此时已是深夜11点半，而文件必须在第二早8点大会召开之前发到代表手中。处长咆哮："不是叫你做好准备的吗？连这点小事也做不好，大学生有个屁用啊！"他只能俯首，无言以对，脸上却像挨了一巴掌似的滚烫刺痛。

几经周折，才在凌晨4点时，在一家通宵商务中心找到钉书钉。这件事让他深深地领悟到：以十分的准备迎接三分的工作并非浪费，即便一盒小小的钉书钉，也要想到。

细微的破绽可能导致重大的失败，一定要考虑周全，不可忽略一切细节。

不要被外界左右

日本江户时代有位很出名的女艺人，名叫加贺千代女。有一次，一位贵族请她去府上演出。

当时府中的女用人都知道这千代女是鼎鼎有名的人物，便拥挤着想偷偷一睹她的芳容。没想到千代女是个长相很丑的女人，所以当千代女要离开时，就有女用人在背后指指点点说："我还以为今天能看见个大美人，没想到她竟是个丑八怪。她能成为艺伎可真奇怪，早知道我也不到厨房干活，去台上卖丑还能出名呢！"

这讥笑的话还故意大声说给千代女听。千代女听了这话之后，只微微笑着说："虽有一抱之粗，但柳树依然是柳树。"

千代女的自信与睿智以及她面对讥讽毫不经意，从容不迫的态度，使在场人对她更加佩服。

一只狼出去找食物，找了半天都没有收获。偶然经过一户人家，听见房中孩子哭闹，接着传来一位老太婆的声音："别哭啦！再不听话，就把你扔出去喂狼吃。"狼一听此言，心中大喜，便蹲在不远的地方等起来。

太阳落山了，也没见老太婆把孩子扔出来。晚上，狼已经等得不耐烦了，转到房前想伺机而入，却又听老太婆说："快睡吧，别怕，狼来了，咱们就把它杀死煮了吃。"狼听了，吓得一溜烟儿跑回老窝。同伴问它收获如何，它说："别提了，老太婆说话不算数，害得我饿了一天，不过幸好后来我跑得快。"

别人信口开河，你就信以为真，全然不知许多时候人家只是在拿你说事而已。不要让别人的话改变了你的正常工作、生活。

在生活中，每个人都有不同程度的从众倾向，总是倾向于跟随大多数人的想法或态度，以证明自己并不孤立。很少有人能够在众口一词的情况下还坚持自己的不同意见。

一个容易被他人和环境左右的人，必定是缺乏主见和坚定意志的人，这样的人潜能怎么能得到充分的发挥呢？只有不被外界左右，敢于坚持自己的想法和观点，才可能有所创新。

随波逐流是轻松的，尤其在面临的选择是转入逆水行舟时，它可能是很有诱惑力的。但要对你的生活负责，就要尊重自己的意志，一定要坚持自己的方向，朝着自己的目标前进。

Chapter 4

面临危机时的智慧

改变世界，先要改变自己

牧师正在准备讲道的稿子，他的小儿子却在一边吵闹不休。

牧师无可奈何，便随手拾起一本旧杂志，把色彩鲜艳的插图——一幅世界地图，撕成碎片，丢在地上，说道："约翰，如果你能拼好这张地图，我就给你2角5分钱。"

牧师以为这样会使约翰花费整整一个上午的时间，这样自己就可以静下心来思考问题了。

但是，没过10分钟，儿子就敲开了他的房门，手中拿着那份拼得完完整整的地图。牧师对约翰如此之快拼好了一幅世界地图感到十分惊奇，他问道："孩子，你怎么这样快就拼好了地图？"

"啊，"小约翰说，"这很容易。在另一面有一个人的照片，我就把这个人的照片拼到一起，然后把它翻过来。我想如果这个人是正确的，那么，这个世界也就是正确的。"

牧师微笑起来，给了他儿子2角5分钱，对他说："谢谢你！你替我准备了明天讲道的题目：如果一个人是正确的，他的世界就会是正确的。"

如果要改变你的世界，改变你的生活，首先就应改变你自己。一个人是正确的，他的世界就会是正确的。

在追求成功的过程当中，我们十有八九不会一帆风顺，会有面临危机的时候。这个时候，如果不能改变危机产生的环境，不妨先改变自己。

一般人到了一个恶劣的环境中，大都首先会想着如何逃避，紧接着就是一有机会就唉声叹气地抱怨。

一辆公车在停靠站头时，很多乘客上了车。一对上班族男女挤在一起，可能因为人多，男友不时地将手臂围住女友，并轻声问她："累不累？待会儿想吃些什么？"

女友不耐烦地回答："我已经够烦了，吃什么都还不先决定，每次都要问我。"

男友一脸无辜地低下头，而后说了句话："让你决定是因为希望能够陪你吃你喜欢的东西，然后看到你满足的笑容，把今天工作的不愉快暂时忘掉。我的能力不足，你工作上所受的委屈我没法帮你，我所能做的也只有这样。"

女友听了后，满怀愧疚地说声对不起。男友很大度地说："没关系，只要你开心就好。"而后亲吻了女友头发。

公车到站，男友依旧保护着心爱的人下车。

这样的情景让人觉得，你自己一旦有了改变自己的力量，就会把这种力量传递给他人。所以在面对任何困难时，我们应该首先告诉自己，我会努力做好的，我也相信别人懂得我努力的价值和意义。

每个人都希望在这个世界上生活得更快乐，更如意，聪明的做法是改变自己，而非改变外界。你是正确的，你的世界就是正确的。

向对手学习

一位动物学家对生活在非洲大草原奥兰治河两岸的羚羊群进行了一番研究。他发现东岸羚羊群的繁殖能力比西岸的强，两者的奔跑速度也不一样，东岸羚羊每分钟要比西岸羚羊快13米。

对这些差别，这位动物学家百思不得其解，因为这些羚羊的生存环境和属类都是相同的，食物来源也一样，都以一种叫莺萝的牧草为主。

有一年，他在东西两岸各捉了10只羚羊，把它们送往对岸。结果，运到东岸的10只一年后繁殖到14只，运到西岸的10只剩下3只，那7只全被狼吃了。

这位动物学家终于明白了，东岸的羚羊之所以强健，是因为在它们附近生活着一个狼群，西岸的羚羊之所以弱小，正是因为缺少这么一群天敌。

大自然中的动物许多都互为天敌，正因为如此，才保持了大自然的生态平衡。动物之间互为天敌，却又彼此依存。人类又何尝不是如此？

对手的存在，能搅动我们平静的生活，甚至还常给我们的人生道路带来危机。但是，对手的存在，也能使我们变得更坚强、更智慧、更强大。孟子说："出则无敌国外患者，国恒亡。"就是这个道理。

　　大多数人总是用敌意的目光来对待对手，在碰到对手的时候，首先是不屑（觉得对手的能量不怎么样），接着是愤怒（发现这个家伙竟然威胁到自己甚至超越自己），最后则是不能在他面前提到对手的只字片语。

　　其实，越是敌人和对手，可学的才越多。对方要消灭你，一定是竭尽全力，并且有专门针对你的方法，在他们使出浑身解数的时候，也就是传授你最多招数的时候。

　　所以，如果你有个对手，很强大的对手，你应该打从心底高兴。就像每天要照照镜子，你要每天都仔细盯紧这个对手，好好欣赏他，好好跟他学习。而最好的学习，永远来自你和他交手，被他击中的那一刻。

　　不要逃避对手，也不要埋怨对手，敞开你宽广的襟怀友好地说一声："感谢对手。"如果你逃避对手，同时也就失去了一次尝试的机会，不敢承担尝试的风险，永远都不会有壮丽的人生；如果你埋怨对手，你的心胸会变得狭窄，以致不能容下任何事物，久而久之，生命就会慢慢枯萎，只有用微笑面对生命中的一切对手，生命才会越来越有意义。

　　对手是促使一切生物生存下来的最好的原动力，善待你的对手，并向你的对手学习吧！

善用合作的力量

四肢看到胃成天不干活，心里很不平衡，它们决定像胃那样，过一种不劳而获的绅士日子。

"没有我们四肢，"四肢说，"胃只能靠西北风活着。我们流汗流血，我们受苦，我们做牛做马地干活，都是为了谁？还不是为了胃！我们什么好处也没有得到，我们全在忙碌，为它操心一日三餐。我们现在马上停工不干了，只有这样，才会让它明白，一直是我们在养着它。"

四肢这样说了，果真也这么做了。于是，双手停止了拿东西，手臂不再活动，而腿也歇下了，它们都对胃说已经侍候够了它，让胃自己劳动，自己去找吃的。

没过多久，饥饿的人就直挺挺地躺倒了。因为心脏再也供不上新鲜的血液，四肢也就因此遭了殃，没有了力气，软绵绵地耷拉在身上。

这下，不想干活的四肢才发现，在全身的共同利益上，被它们认为是懒惰和不劳而获的胃，要比它们四肢的作用大得多。

人与人之间也是这样，既是一个独立的个体，又是一个密不可分的群体。一个人如果完全脱离社会，那他根本就不可能生存下去。懂得他人的重要性，危机来临时，更要善于与他人合作，才能更快地摆脱危机。

从前，有两个饥饿的人得到了一位长者的恩赐：一根钓鱼竿和一篓鲜活硕大的鱼。其中，一个人要了一篓鱼，另一个人要了一根钓鱼竿，于是他们分道扬镳了。得到鱼的人原地就用干柴搭起篝火煮起了鱼，他狼吞虎咽，还没有品出鱼香，转瞬间连鱼带汤就被他吃了个精光，不久，他便饿死在空空的鱼篓旁。另一个人则提着钓鱼竿继续忍饥挨饿，一步步艰难地向海边走去，可当他已经看到不远处那片蔚蓝色的海洋时，他浑身的最后一点力气也使完了，他也只能眼巴巴地带着无尽的遗憾撒手人间。

又有两个饥饿的人，他们同样得到了长者恩赐的一根钓鱼竿和一篓鱼。只是他们并没有各奔东西，而是商定共同去找寻大海，他俩每次只煮一条鱼，他们经过遥远的跋涉，来到了海边，从此，两人开始了捕鱼为生的日子，几年后，他们盖起了房子，有了各自的家庭、子女，有了自己建造的渔船，过上了幸福安康的生活。

合作与不合作，带来的结果截然相反。哲学家威廉·詹姆士曾经说过："如果你能够使别人乐意和你合作，不论做任何事情，你都可以无往而不胜。"一个人的力量毕竟是有限的，当危机来临时，合则共存，分则俱损。

合作是一种能力，更是一种艺术。唯有善于与人合作，才能获得更大的力量，争取更大的成功。

从容应对挑战

当"老了的"霍利菲尔德决定向风头正盛的拳王泰森挑战时，曾有数不清的人"公开地"或者"悄悄地"断言，他必将倒在泰森的重拳之下。但老霍利菲尔德并没有动摇，而是从从容容地准备着，从从容容地走上了拳台，结果，经过一番惊心动魄的搏击之后，泰森倒了下来，拳台上，从从容容地站着的则是霍利菲尔德。

不仅如此，此时的他还从从容容地说了一句："我知道你们都曾抛弃过我，但上帝没有。"是的，这的确是一句堪称经典的话，也完全有资格写在世界拳击史的金色扉页上。

所谓"上帝"，说穿了，说白了，不就是我们自己吗？即便这个世界所有人都遗忘了你，但只要你不把自己遗忘在冷风里，只要你从从容容地站定了，站稳了，你就照样拥有辉煌，拥有希望。

是的，从容不是自暴自弃，而是一种自信！从容不是自轻自贱，而是一种豪迈！从容不是瞻前顾后，而是一种坚定！从容不是心慌气短，而是一种沉稳。

有了从容，就没有什么应付不了的危机。

一天，强盗绑架了一个小女孩，恶声恶语地打来电话向孩子的妈妈勒索巨款。怎么办？孩子的妈妈十分冷静，因为她知道孩子的眼睛格外明亮，那里完全可以映出强盗的影子，于是在通知警方后立刻回电话给强盗："我不会轻易给钱，除非我看到了被绑架孩子的照片！"强盗听了，果然给孩子拍照并寄来了照片，严阵以待的警方立刻对照片做了技术分析，迅速认出了孩子眼睛中的强盗，然后迅速出击活捉了强盗。

这位年轻的妈妈，冷静、沉着，从容面对突然出现的险情，巧妙地与强盗周旋，这才在与强盗的生死较量中把握了主动，成功地将事情化险为夷，转危为安。

从容是一种气魄，一种勇气；从容是一种选择，是无私无畏、勇于开拓、不屈不挠、百折不回的坚强决心。

要随缘而不要强求

三伏天，禅院的草地枯黄了一大片。

"快撒点草种子吧！好难看哪！"小和尚说。

"等天凉了。"师父挥挥手，"随时！"

中秋，师父买了一包草籽，叫小和尚去播种。秋风起，草籽边撒边飘。"不好了！好多种子都被吹飞了。"小和尚喊。

"没关系，吹走的多半是空的，撒下去也发不了芽。"师父说，"随性！"

撒完种子，跟着就飞来几只小鸟啄食。"要命！种子都被鸟吃了！"小和尚急得跺脚。

"没关系！种子多，吃不完！"师父说，"随遇！"

半夜一阵骤雨，小和尚早晨冲进禅房嚷嚷："师父！这下真完了！好多草籽被雨冲走了！"

"冲到哪儿，就在哪儿发！"师父说，"随缘！"

一个星期过去，原本光秃的地面，居然长出许多青翠的草苗，一些原来没播种的角落，也泛出了绿意。

小和尚高兴得直拍手。师父点头道："随喜！"

随不是跟随，是顺其自然，不怨尤、不躁进、不强求。随不是随便，是把握机缘，不悲观、不刻板、不慌乱。这正是面临危机时最好的心态。这种心态能帮助我们冷静地采取对策，顺利度过危机。

一个人在森林中漫游时，突然遇见了一只饥饿的老虎，老虎大吼一声就扑了上来。他立刻用最快的速度逃开，但是老虎紧追不舍，他一直跑一直跑，最后被老虎逼到了断崖边。

站在悬崖边上，他想："与其被老虎捉到，活活被咬死，还不如跳入悬崖，说不定还有一线生机。"

他纵身跳入悬崖，非常幸运地卡在一棵树上。那是长在断崖边的梅树，树上结满了梅子。

正在庆幸之时，他听到断崖深处传来巨大的吼声，往崖底望去，原来有一只凶猛的狮子正抬头看着他，狮子的声音使他心颤，但转念一想："狮子与老虎是相同的猛兽，被什么吃掉，都是一样的。"

刚一放下心，又听见了一阵声音，仔细一看，两只老鼠正用力地咬着梅树的树干。他先是一阵惊慌，立刻又放心了，他想："被老鼠咬断树干跌死，总比被狮子咬死好。"

情绪平复下来后，他看到梅子长得正好，就采了一些吃起来。他觉得一辈子从没吃过那么好吃的梅子，他找到一个三角形的枝丫休息，心想："既然迟早都要死，不如在死前好好睡上一觉吧！"于是靠在树上沉沉地睡去。

睡醒之后，他发现老鼠不见了，老虎和狮子也不见了。他顺着树枝，小心翼翼地攀上悬崖，终于脱离了险境。原来就在他睡着的时候，饥饿的老虎按捺不住，终于大吼一声，跳下了悬崖。

两只老鼠听到老虎的吼声，惊慌地逃走了。跳下悬崖的老虎与崖下的狮子展开激烈的打斗，双双负伤逃走了。

这个人面对死亡的危机，能够抱着随缘的心态，不惊慌、不强求，最后才安然摆脱死亡。

生命中会有许多险象丛生的时候，困难和危险像死亡一样无法避免。既然无法避免，不如放下心来安享现在拥有的一切，无意中就会享受到生命的甜果。

从损失中看到价值

有一位住在深山中的农民，时常感到山里环境艰险，难以生活，于是他四处寻找致富的方法。一天，有个从外地来的商贩给他带来了一种叫作"苹果"的种子，只要种在土壤里，两年后便能长成一棵棵苹果树，结出好多的果实，拿到市集中，可以卖许多钱。

由于担心被别人偷，农民特意选择了一处荒僻的山野，来种植这种颇为珍贵的苹果。经过两年时间的辛苦耕作，浇水施肥，小小的种子终于长成一棵棵苗壮的苹果树，并且结出累累的硕果。由于缺少种子的缘故，果树数量还比较少。但结出的果实已经足以让农民过上好一点的生活。于是农民特意挑选了一个好日子，准备在这一天摘下成熟的苹果，然后挑到集市上卖个好价钱。当他爬到山顶时，大吃一惊，只见苹果树结出红灿灿的果实，竟然被外来的飞鸟和野兽们吃了个精光，只剩下满地的果核。

想到自己的辛苦劳作和热切的盼望，农民不禁悲从心起，放声大哭起来，他的致富梦也就这样破灭了。在随后的岁月里，生活仍然艰苦，他只能苦苦支撑下去，度过了一天又一天。

不知不觉之间，几年的光阴如流水般逝去。

有一天，他偶尔又来到了这片山野。当他走上山顶时，突然愣住了，因为在他面前，出现了一片茂盛的苹果树，上面结满了累累的果实。

这会是谁种的呢？在疑惑不解中，他思索了好一会儿，才发现答案：原来这一大片苹果林，都是他自己所种的。

几年前，当那些飞鸟与野兽们吃完苹果后，将果核吐在地上，这些果核里的种子竟然发芽生长，终于长成了一片更加广阔的苹果树林。

后来，这位老农民再也不用为生活发愁了，这一大片林子中的苹果，足可以让他过上快乐的生活。如果当年那些飞鸟与野兽们没有来吃这些苹果，今天就肯定无法形成这么一大片果林了。

损失或放弃，在许多情况下，并不是错误的决定，最终还会让自己获得更多。这不仅是一个老农的领悟，更是生活的哲理。

现实生活中，许多人不懂得放弃，正如弗洛伊德所说：潜意识的我，总是与现实的我在斗争着。欲望总跟理智较量，而欲望往往又战胜理智。学会放弃，就是要从放弃中看到价值。

一个老人在高速行驶的火车上，不小心把刚买的新鞋从窗口掉了一只，周围的人备感惋惜，不料老人立即把第二只鞋也从窗口扔了下去。这举动更让人大吃一惊。老人解释说："这一只鞋无论多么昂贵，对我而言已经没有用了，如果有谁能捡到一双鞋子，说不定他还能穿呢！"

生活的艺术就是平衡得与失，要装进一杯清泉，你就必须倒掉已有的陈水；要获得一枝玫瑰，就必须放弃手中的蔷薇；

要多一次体验就必须多一点心灵的创伤。换一个角度说，虽然你倒掉了一杯陈水，但你拥有了一杯清泉；虽然你失去了蔷薇，但你采得了玫瑰；虽然遭受心灵的创伤，但你多了一次独特的体验。

成功者善于放弃，善于从损失中看到价值。

优势与劣势可以互相转化

有一处地势险恶的峡谷，涧底奔腾着湍急的水流，而所谓的桥则是几根横亘在悬崖峭壁间光秃秃的铁索。

一行四人来到桥头，一个盲人、一个聋人，以及两个耳聪目明的正常人。4个人一个接一个抓住铁索，凌空行进。

结果呢？盲人、聋人过了桥，一个耳聪目明的人也过了桥，另一个则跌下深渊丧了命。

难道耳聪目明的人还不如盲人、聋人吗？是的！他耳聪目明的优势此时恰恰成了他的障碍。

盲人说："我眼睛看不见，不知山高桥险，心平气和地攀索。"

聋人说："我耳朵听不见，不闻脚下咆哮怒吼，恐惧相对减少很多。"

那个过了桥的耳聪目明的人则说："我过我的桥，险峰与我何干？激流与我何干？只管注意落脚稳固就够了。"

优势是相对的，如果利用不好，优势会转化成劣势。利用得好，劣势则也会转化成优势。

在日本本土有一种蜜蜂，个头小，它的天敌是身体强壮的大黄蜂。大黄蜂对蜜蜂发动袭击时，先派一个信使侦察蜜蜂的蜂巢，打探好虚实后再集体出动。当大黄蜂的信使飞到蜜蜂的蜂巢附近确定方位，标出记号时，蜂巢内数万只蜜蜂发现了这个不速之客，它们倾巢而出，飞到大黄蜂身上，眨眼间就里三层外三层裹紧了大黄蜂。蜜蜂们不断地同时扇动着翅膀，形成了巨大的嗡嗡声。过了十几分钟，奇迹发生了：大黄蜂在群蜂的包裹下渐渐地失去了活力，不再挣扎，最终死亡。

原来，蜜蜂们虽然弱小，但它的生命极限温度却比大黄蜂高3℃，即49℃，而大黄蜂则为46℃。当大黄蜂的信使来打探时，蜜蜂们知道只有把它杀死才能避免灭顶之灾，而又不能与强大的对手硬拼，于是它们才采取了这智慧的一招：集体合围大黄蜂。利用扇动翅膀产生的热量使大黄蜂的体温上升，达到46℃以上，使大黄蜂体液沸腾而被热死，又使自己的体温始终保持在49℃以下，从而成功地完成了自救。

弱小的蜜蜂之所以能战胜强大的黄蜂，就是因为弱小的蜜蜂充分发挥了自己的优势。用自己的优势去进攻对手的劣势，自然无往而不胜。

强弱只是相对的，关键是找出自身独特的优势，并充分利用好优势，发挥好优势，就足以战胜任何危机。

让你的拥有更加美好

有一位穷途末路的贫民，前去请教先师。

"伟大的先师啊！"他哭喊着，"我的环境糟透了，而且一直无法改善。我们的日子好穷苦啊！我与妻子和6个孩子必须挤在一间小小的茅舍里。我们彼此没有自己的空间，日常生活常常互相阻碍，而且精神紧绷，我们常被很多事困扰而感到烦心，且为此争执不休。相信我——我的家真像个地狱，我宁愿早点死，也不要再这样生活下去！"

先师慎重思考了一会儿之后，他说："我的门徒！照我的话去做，你的情形将会改善。"

"先师，我一定照您的话做。"陷入痛苦中的弟子满口答应着。

"告诉我你养了什么动物？"

那可怜的人回答："我养了鸡、山羊和牛。"

"很好，现在你回去把那些动物放到家中，和你一起居住。"

这可怜人满头雾水，但是既然答应先师了，就回去照着他的话做。

第二天，这位可怜人又来到先师的面前哭喊着："先师啊，您为我带来了新的灾难，我照了您的话做，但事情变得更糟。我的生活简直像在地狱——整间房子像谷仓一样，我该怎么办才好啊？"

"门徒啊，将那些鸡赶离你的屋子，愿老天保佑你。"先师回答。

可怜人回到家里，把鸡赶离屋子。但是，过不了多久后他又回来求助于先师，他向先师抱怨山羊快把他的屋顶掀了，先师要他把山羊带离屋子，他照先师的话做。

但没多久他又来找先师，怨恨的大声嚷嚷："牛让我的房子像牛棚一样，你怎么能叫人和动物住在一起？"

"你说的100%正确。"先师同意，"那么，把你的牛也牵出去吧！"

这位不幸的可怜人连忙赶回家，将牛也牵到屋外。

不到一天的时间，他又来找先师，这次是满脸灿烂笑容，说："您又让我回到以前那么美好的生活了。没有了那些动物，整间房子变得安静、宽敞、干净，多么美好的家啊！"

有些事情，本来并不那么糟糕，但因为自己一味忧虑，反而使自己陷入更糟的境地。所以，当面临危机时，我们要做的不是抱怨、生气，而是让危机不向更坏的方向发展。

珍惜你拥有的东西，并努力使它们更加美好。

学会低调做人

　　杨修是曹操门下掌库的主簿。此人生得单眉细眼，貌俊神清，博学能言，智识过人。但他恃才傲物，最终招来杀身之祸。

　　一次，曹操令人建一座花园。快竣工了，监造花园的官员请曹操来验收查看。曹操参观花园之后，是好是坏是褒是贬一句话也没有说，只是拿起笔来，在花园大门上写了一个"活"字，便扬长而去。这情形，使大家犹如丈二和尚，摸不着头脑，怎么也猜不透曹操的意思。杨修却笑着说道："门内添'活'字，是个'阔'字，丞相是嫌园门太阔了。"官员见杨修说得有道理，立即返工重建园门，改造停当后，又请曹操来观看。曹操一见重建后的园门，不禁大喜，问道："谁知道了我的意思？"左右答道："是杨修主簿。"曹操表面上称赞杨修的聪明，其实内心已开始忌讳杨修了。可杨修还以为曹操真的欣赏他，不但没有丝毫收敛，反而把心智用在琢磨曹操的言行上，并不分场合地卖弄自己的小聪明，从而不断地给自己埋下祸根。

　　杨修最后一次聪明的表露是在曹操自封为魏王之后。曹操亲自引兵与蜀军作战，战事失利；长期拖下去，不仅耗费钱粮且会挫伤士气，如果撤兵无功而归，又会遭人笑话。是进是退，曹操心中犹豫不决。此时厨子呈进鸡汤，曹操看见碗中有鸡肋，因而有感于怀，觉得眼下的战事，有如碗中之鸡肋，"食之无肉，弃之可惜。"他正沉吟间，夏侯惇入帐禀请夜间口令。曹操随口说："鸡肋！鸡肋！"夏侯惇传令众官，都称"鸡肋"。杨修见传"鸡肋"二字便通知随行军士，各自收拾行装，准备归程。有人报知夏侯惇。夏侯惇大惊失色，立即请杨修到帐中问他："为什么叫人收拾行装？"杨修说："从今夜的口令，便知道魏王很快就要退兵回去了。""你怎么知道？"夏侯惇又问。杨修笑道："鸡肋者，吃着没有肉，丢了又觉得它味道不错。魏王的意思是现在进不能胜，退又害怕人笑话，在此没有好处，不如早归，明天魏王一定会下令班师回转的。所以先收拾行装免得临行慌乱。"夏侯惇说："您可算魏王肚里的蛔虫，知道魏王的心思啊！"于是寨中各位将领，皆做班师回转的准备。

当夜曹操心乱，不能入睡，就手按宝剑，绕着军寨独自行走。只见寨内军士各自准备行装。曹操大惊，我没有下达撤军命令，谁竟敢如此大胆，做撤军的准备？他急忙回帐召夏侯惇入帐，夏侯惇说："主簿杨修已经知道大王想回归的意思。"曹操叫来杨修问他怎么知道，杨修就以鸡肋的含意对答。曹操一听大怒，说："你怎敢造谣乱我军心！"不由分说，叫来刀斧手将杨修推出去斩了，把首级悬在辕门外。曹操终于寻得机会，除掉了杨修，杨修也终于结束了他聪明的一生。

杨修确实够聪明，聪明得能看透别人看不到的很多东西，能猜透别人猜不透的许多事情。然而，他又太愚蠢了，愚蠢得不知如何保护自己。终于，表面的聪明使他不可避免地走上了绝路。他到死都不明白，正是过分外露的聪明使他成了刀下鬼。聪明使他招人喜欢，招人赞赏，但他又自恃聪明，动不动就表现出来，终究是会被人嫉妒的。在明争暗斗的官场，他注定成不了大气候，注定被弃在权力的道路上，而成为荒野孤魂。

其实，有些危机正是因为不会低调做人而引发的。恃才傲物，不分场合时机炫耀自己，必然会招来嫉恨。俗话说，"是金子总会发光"，如果你是真正的聪明者，就不要总是在别人面前卖弄。那样，不但使你的聪明变得廉价，有时还会给你惹来不必要的麻烦。

聪明是一把双刃剑，利用得不当，便会落到自己的头上。要避免此类危机，就要学会低调做人，谨慎做事。

现实是最美好的

很多人有这样的习惯，他们总以为现实对自己不公平，别人的生活比自己过得好。因此他们就用各种办法逃离现实，沉溺于梦幻之中，结果误掉了生命中的最美好的时光，让一切白白流逝。

有一个叫卡狄施的富人。他有一独子名叫阿特塞。卡狄施家中有一位远亲孤女，名叫阿克萨。阿特塞是个身材高大的男孩，黑头发黑眼睛。阿克萨是蓝眼睛金黄头发，二人年纪大约一样。小时候，在一起吃，一起读书，一起玩。

但是等到他们长大，阿特塞忽然病了。那是没人听说过的病：阿特塞自以为是已经死了。

他何以有此想法？好像他曾有一个老保姆，常讲一些有关天堂的故事。她曾告诉他，在天堂里既不需要工作也不需要读书。在天堂，吃的是野牛肉和鲸鱼肉，喝的是上帝为好人所备下的酒，可以睡到很晚再起来，而且没有任何职守。

阿特塞天生懒惰。他怕早起，怕读书。他知道有一天须接办父亲的业务，而他不愿意。

既然死是唯一进天堂的路，他决心越早死越好。他一直在想，不久他以为自己真的死了。

他的父母当然是很担忧。阿克萨暗中哭泣。一家人竭力说服阿特塞他还活着，但是他不相信。他说："你们为什么不埋葬我？你们知道我是死了。因为你们，我不能进天堂。"

父母请了许多医生检视阿特塞，都试图说服这孩子是活着的。他们指出，他在说话，在吃东西。可是不久他吃东西，很少讲话了。家人担心他真会死。

于绝望中，卡狄施去访问一位专家，他是以博学多智而著名的，人称优兹医生。听了阿特塞的病情之后，他对卡狄施说："我答应在8天之内治好你儿子的病，但有一个条件。你必须做我所吩咐的事，无论是如何的怪。"

卡狄施同意了，优兹说他当天就去看阿特塞。卡狄施回家去告诉他的妻、阿克萨和仆人们，都要依从医生的吩咐行事，不得起疑。

优兹医生到了，被领进阿特塞的屋内。这孩子睡在床上，因断食而瘦削苍白。

医生一看阿特塞便大叫："你们为什么把死人停在屋里？为什么不出殡？"

听了这些话，父母吓得要命。但是阿特塞的脸上露出了微笑，他说："你们看，我是对的。"

卡狄施夫妇听了医生的话虽然惶惑，可是他们记得对卡狄施的诺言，立即筹备丧葬事宜。

医生要求将一个房间准备得像天堂的样子。墙壁挂上白缎，百叶窗关上，窗帘拉严实，蜡烛日夜点燃。仆人穿白袍，背上插翅，扮作天使状。

阿特塞被放进一具开着的棺材，于是举行殡仪。阿特塞快乐得筋疲力尽，睡着了。醒来时，他发现自己在一间不认识的屋子里。"我在哪里？"他问。

"在天堂里，大人。"一个带翅膀的仆人回答。

"我饿得要命，"阿特塞说道，"我想吃些鲸鱼肉，喝些圣酒。"

领班的仆人一拍手，一群男女仆人进了来，都背上有翅膀，手捧金盘，上面有鱼有肉，有石榴和柿子、凤梨和桃子，一个白胡须高个子的仆人捧着斟满酒的金杯。

阿特塞狂吃了一顿。吃完了，他说要休息。两个天使给他脱衣，给他洗澡，抱他上床，床上有丝绸的被单和紫绒做的帐盖。阿特塞立刻怡然熟睡。

他醒来时，已是早晨，可是和夜里也没有分别。百叶窗是关着的，蜡烛在燃烧着。仆人们一看见他醒了，送来和昨天完全一样的饮食。

阿特塞发问："你们没有牛奶、咖啡、新鲜面包和牛油吗？"

"没有，大人。在天堂总是吃同样食物的。"仆人回答。

"这是白昼，还是夜晚？"阿特塞问。

"在天堂里无所谓昼和夜。"

阿特塞吃了鱼、肉、水果，又喝了酒，但是胃口不像上次好了。吃完后他问："什么时候了？"

"在天堂里时间是不存在的。"仆人回答。

"我现在做什么呢？"阿特塞问。

"大人，在天堂里，不需要做任何事。"

"其他的圣徒们在哪里？"阿特塞问。

"在天堂里每一家有其自己居住的地方。"

"可以去拜访吗？"

"在天堂里彼此居处距离很远，无从拜访。从一处到另一处要走好几千年。"

"我的家人什么时候来？"阿特塞问。

"你父亲还可再活20年，你母亲可再活30年。他们活着便不能到此地来。"

"阿克萨呢？"

"她还有50年可活。"

"我就要孤独这么久吗？"

"是的，大人。"

阿特塞摇头思索了一阵，随后又问："阿克萨现在预备做什么？"

"目前她正在哀悼你。不过她迟早会忘掉你，遇见另一位年轻人，结婚。活人都是这个样子。"

阿特塞站了起来开始踱着。这是好久好久以来第一次想做点什么事，但是在天堂里无事可做。他怀念他父亲，思念他母亲，想念阿克萨；他想研读些什么东西；他梦想旅游，骑他的马；他想和朋友聊天。

终于他无法掩饰他的悲哀。他对一个仆人说道："我现在明白了，活着不像我所想的那样坏。"

勇敢地面对现实，站起来就看得高，走出去就看得远。人生莫不如此。

因势利导的智慧

小公主雷娜生病了，御医们束手无策。国王问女儿想要什么，雷娜说她想要天上的月亮。国王立刻召见他的首席大臣张伯伦，要他设法把月亮从天上摘下来。

首席大臣从口袋里掏出一张纸条，看了看，说："我可以弄到象牙、蓝色的小狗、金子做成的昆虫，还能找到巨人和侏儒……"

国王很不耐烦，一挥手，说："我不要什么蓝色的小狗。你马上给我把月亮弄来。"

首席大臣面露难色，一摊手，说："月亮是热铜做的，离地6000公里，体积比公主的房间还大。微臣实在无能为力。"

国王大怒，让张伯伦滚出去。尔后，他又召见了宫中的数学家。这位数学大师头顶已秃，耳朵后面总是夹着一支铅笔，他已经为国王服务了40年，不少难题一到他手中便迎刃而解。可这回他一听国王的要求便连声推托，说："月亮和整个国家一样大，是用巨钉钉在天上的。我实在没办法把它取下来。"国王听后很失望，挥手让数学大师退下。

接下来被请去的是宫中的小丑。他穿戴滑稽，全身上下还挂着一串串铃铛。他连蹦带跳，叮叮当当地跑到国王面前，问："请问陛下，有何吩咐？"国王又将事情的原委说了一遍。小丑听后沉吟良久，方才慢慢地说："陛下，您的大臣们都是具有远见卓识的智者，但月亮究竟是何物，你们的说法不一。不妨问问雷娜公主，她以为月亮是何物。"国王表示同意。

小丑连忙去问雷娜公主。小公主躺在床上，有气无力地说："月亮比我手指甲小一点，因为我伸出手指放在眼睛前便挡住了月亮。月亮和树差不多高，因为我常见到月亮停在窗外的树梢上。"

小丑又问月亮是由什么做成的。公主说："我想大概是金子吧。"

小丑连忙让工匠用金子打造了一个小月亮，送给公主。小公主欢天喜地，病也好了。第二天便下床在院子里玩耍。

可天近黄昏时国王又开始发愁了，心想："女儿见到天上又升起个月亮岂不要闹腾？"他连忙又将首席大臣和数学大师请来商议对策。

首席大臣说："给公主戴副墨镜如何？戴上墨镜公主就看不见月亮了。"

国王不同意，说："公主戴上墨镜，走路会摔倒的。"

数学大师在房间里来回走着，低头沉思，忽然他止住脚步，说："有办法了陛下。放鞭炮！放鞭炮和火花，把黑夜照得如同白昼一样，月亮不就看不见了吗？"这时，月亮已经升上树梢。国王只好再去请教小丑。

小丑这回也没细想，胸有成竹地说："陛下，我们还是问问雷娜公主吧。"

小丑走进小公主卧室内时，她已经静静躺在床上了，但还没睡着。

小丑问公主："月亮怎么能够同时挂在天空和你脖子上呢？"雷娜公主笑了，说："你真傻，这有什么奇怪。我掉了一颗牙齿之后便又长出来一颗新牙齿。采掉一枝花朵后又会长出新的一朵花。白天过后是黑夜，黑夜过后又是白天。月亮也是这样，什么事都是这样。"小公主的声音越来越低，慢慢合上了眼睛，脸上浮出了甜甜的微笑。

小丑给公主盖好毯子，轻手轻脚地离开了房间。

每个人都有自己的观察点，每个人都有自己的站立处，要别人相信你的观点，先站到他的位置上看一看。

阳光就在你的心里

当他还是个孩子的时候，就曾梦想住在一所有门廊和花园的大房子里。在房子的前面有两尊圣·伯纳的雕像；娶一位身材修长、美丽善良的姑娘，她有乌黑的长发和碧蓝的眼睛，她弹奏的吉他音色美妙、唱的歌歌声悠扬；有3个健壮的儿子，在他们长大之后，一个是杰出的科学家，一个是参议员，最小的儿子要成为橄榄球队员；而他自己要当一名探险家，登上高山、越过海洋去拯救人类；拥有一辆红色法拉利赛车，而且不必为衣食去奔波。

可是有一天，在玩橄榄球时，他的膝盖受了伤。为此他再也不能登山，不能爬树，不能到海上航行。他开始研究市场销售，并且成为一名医药推销商。

他和一位漂亮善良的姑娘结了婚。她的确有乌黑的长发，不过却身材矮小而且眼睛是棕色的；她不会弹吉他甚至不会唱歌，却能做美味的中国菜；她画的花鸟更是栩栩如生。

为了经商，他住进了城中的一座高层建筑。在此，他可以俯瞰蔚蓝的大海和城市的夜景。在他的房间里，根本无法摆放两尊圣·伯纳的雕像，不过养了一只惹人喜爱的小猫。

他有3个非常漂亮的女儿，但最可爱的幼女只能坐在轮椅上。他的女儿们都很爱他，但不能和他一起玩橄榄球。他们有时去公园玩，可他的幼女却只能坐在树下自弹自唱——她的吉他虽然弹得不好，可歌声却是那样的委婉动听。

为使生活过得舒适，他挣了很多钱，却没能开上红色的法拉利赛车。

一天早晨，他醒来后，又回忆起往日的梦境。"我真是太不幸了。"他对他最要好的朋友说。

"为什么？"朋友问。

"因为我的妻子和梦想中的不一样。"

"你的妻子既漂亮又贤惠，"他的朋友说，"她创作了动人的绘画并能做美味的菜肴。"

但他对此却不以为然。

"我真是太伤心了。"有一天他对妻子说。

"为什么？"妻子问。

"我曾梦想住在一所有门廊和花园的大房里，但是现在却住进了47层高的公寓。"

"可我们的房间不是很舒适吗？而且还能看见大海，"妻子说，"我们生活在爱情与欢乐中，有画上的小鸟和可爱的小猫，更不用说我们还有3个漂亮的孩子。"但他却听不进去。

"我实在是太悲伤了。"他对他的医生说。

"为什么？"医生问。

"我曾梦想成为一名伟大的探险家，但现在却成了一名秃顶的商人，而且膝盖还落下了残疾。"

"你提供的药品已经挽救了许多人的生命。"

可他对此却无动于衷。结果，医生收了他110美元并把他送回了家。

"我简直太不幸了。"他对他的会计说。

"怎么回事？"会计问。

"因为我曾梦见自己开着一辆红色的法拉利赛车，而且绝不会有生活负担。可是现在，我却要乘公共交通工具，有时仍要为挣钱而工作。"

"可你却衣着华丽，饮食精美，而且还能去欧洲旅行。"他的会计说。

但他仍旧心情沉重。他莫名其妙地给了会计100美元，并且依然梦想着那辆红色法拉利赛车。

"我的确是太不幸了。"他对他的牧师说。

"为什么？"牧师问。

"因为我曾梦想有3个儿子，可我却有了3个女儿，最小的那个甚至不能走路。"

"但你的女儿却聪明又漂亮。"牧师说，"她们都很爱你，而且都有很好的工作。一个是护士，一个是艺术家，你的小女儿则是一名儿童音乐教师。"

可他却同样听不进去。极度的悲伤终于使他病倒了。他躺在洁白的病床上，看着那些正在为他进行检查和治疗的仪器——而这些则是由他卖给这所医院的。

他陷入极大的悲哀中，他的家人、朋友和牧师守候在他的病床前，并且都为他深感痛苦。

一天夜里，他梦见自己对上帝说："小的时候，你曾答应满足我的所有要求。你还记得吗？"

"那是一个美好的梦。"

"可你为什么没有把那些赐予我？"

"我能够赐给你，"上帝说，"不过，我想用那些你没有梦见的东西而使你惊奇。我已经赐予你一个美丽而善良的妻子、一个体面的职业、一个好的住所以及3个可爱的女儿。这些的确都是最美好的……"

"可是，"他打断了上帝的话，"你并没把我真正想要得到的赐给我。"

"但我想，你会把我所真正希望得到的给予我。"上帝说。

"你需要什么？"他从未想过上帝要得到什么。

"我要你愉快地接受我的恩赐。"

这一夜，他始终躺在黑暗中进行思考，并终于决定重新再做一个梦。他希望梦见往昔的时光以及他已经得到的一切。

他康复了，幸福地生活在位于47层的家中。他喜欢孩子们的美妙声音，喜欢妻子那深棕色的眼睛与精美的花鸟画。夜晚，他在窗前凝望着大海，心满意足地观赏着城市的夜景。从此，他的生活充满了阳光。

身体受过伤并不可怕，心灵留有创口才是可怕的，不医治好心灵的伤痛，幸福将与你终生无缘。

5 Chapter 5

调整方向时的角度

不要盲目模仿别人

一位做生意的人从加拿大回来，请他的朋友吃饭。席间谈起新年的打算，他告诉朋友，他想在这个小城开一家极富多伦多风情的酒吧。

"有多大把握？"朋友问。

"几乎百分之百，这次在多伦多，我考察了当地的很多家酒吧。我记住了他们酒吧的建筑风格、桌椅摆设、墙上挂饰、灯光音乐、酒水口味、营业时间和经营理念……这么跟你说，他们的酒吧所拥有的一切，我都可以用半年的时间，在咱们这个小城完成。"

但朋友却为他担心。朋友想，在这个小城，就算建造出一座具有多伦多风情的酒吧，可是，这里有多伦多风情的顾客吗？

有个故事说：韩国人来到中国的戈壁滩，马上喜欢上了风味独特的蒙古烤肉，于是他们抄走了食谱，回国后急不可耐地如法炮制。遗憾的是，他们用来烤肉的石头，不是被烧裂，就是被烤碎。当然，不是他们笨拙，而是因为他们没有那种石头，那种戈壁滩上独有的、生长在恶劣气候里的、冻不碎也烧不裂的好汉石。

朋友也是这样。也许他有最详尽最完美的计划，却缺少那样的一块"石头"。

　　不要盲目模仿成功者的做法，这是我们在调整方向时应该注意的。作为一个创业者来讲，你必须要比人家看得更远，看到几年以后更加热门的东西，如果只看到别人目前的成功，你怎么能比人家做得更成功呢？况且，别人的成功有别人的客观条件。如果你不具备别人拥有的条件，却硬要模仿别人的做法，怎么能获得成功呢？

　　如果你的创业刚开始，你还是一只小老鼠。不要产生错觉，把自己看成一头大象。一只老鼠去看去学大象怎么走路，早就被猫吃掉了。

　　不管如何调整方向，目标都应该是做最好的自我，不要做别人，任何百分之百的模仿都没有必要。

做自己的主人

美国前总统里根小时候曾到一家制鞋店做一双鞋。鞋匠问年幼的里根："你是想要方头鞋还是圆头鞋？"里根不知道哪种鞋适合自己，一时回答不上来。于是，鞋匠叫他回去考虑清楚后再告诉他。过了几天，这位鞋匠在街上碰见里根，又问起鞋子的事情。里根仍然举棋不定，最后鞋匠对他说："好吧，我知道该怎么做了。两天后你来取新鞋。"

去店里取鞋的时候，里根发现鞋匠给自己做的鞋子一只是方头的，另一只是圆头的。"怎么会这样？"他感到纳闷。"等了你几天，你都拿不出主意，当然就由我这个做鞋的来决定啦！这是给你一个教训，不要让人家来替你做决定。"鞋匠回答。里根后来回忆起这段往事时说："从那以后，我认识到一点——自己的事自己拿主意。如果自己犹豫不决，就等于把决定权拱手让给了别人。一旦别人做出糟糕的决定，到时后悔的是自己。"

每个人都应该做自己的主人，自己的事情，要自己做主，不要依赖别人。别人只能给你建议，何去何从，要自己拿主意。

法国一个偏僻的小镇，据传有一眼神奇的水泉，可以医治各种疾病。有一天，一个拄着拐杖，少了一条腿的退伍军人，一跛一跛地走过镇上的马路，旁边的镇民带着同情的口吻说："可怜的家伙，难道他要向上帝祈求再有一条腿吗？"这一句话被退伍军人听到了，他转过身对他们说："我不是要向上帝祈求有一条新的腿，而是要祈求他帮助我，叫我没有一条腿后，也知道如何过日子。"

新英格兰的妇女运动名人格丽富勒曾将一句话奉为真理，这句话是："我接受整个宇宙。"是的，我们应该做自己的主人，即使我们不接受命运的安排，也不能改变事实分毫，我们唯一能改变的，只有自己。

成功学大师卡耐基也说："有一次我拒不接受我遇到的一种不可改变的情况。我像个蠢蛋，不断做无谓的反抗，结果带来无眠的夜晚，我把自己整得很惨。终于，经过一年的自我折磨，我不得不接受我无法改变的事实。"

其实所有的危机，包括死，都是借助你自己的恐慌来伤害你的。要镇静地对待危机，像诗人惠特曼所说的那样："让我们学着像树木一样顺其自然，面对黑夜、风暴、饥饿、意外等挫折。"

做自己的主人，自己做决定，对自己的决定负责。

打开另一扇门

2004年新学期开始，美国有一位小学校长，为激励全校师生的读书热情，公开发出宣誓——如果学生们在11月9日前读书15万页，他将在9日那天跑着上班。大家都知道，校长住的别墅区，离学校有20多公里的路程。全校师生刻苦读书，终于在9日之前读完了15万页书。有学生打电话问校长说话算不算数，校长坚定地说："一诺千金，我一定跑着上班。"这件事情很快就传遍了整个社区。

11月9日，校长特意提前了1个小时，于早晨6点离家出发，所不同的是他没有驾车出门，而是穿着一套运动服跑出了家门。为了不影响交通，他不在公路上跑，而是在路边的草地上跑。社区过往的汽车都放慢了速度向他鸣笛致敬；有不少学生早就做好了准备，他们从不同的方向加入了奔跑的行列，与校长共同承担这个诺言。

经过3个多小时的长跑，校长终于到了学校，全校师生夹道欢迎自己心爱的校长。当校长跨进校门时，孩子们蜂拥而上，拥抱他亲吻他……大家都被校长的一番苦心深深打动了。

一位老和尚，他身边聚拢着一帮虔诚的弟子。这一天，他嘱咐弟子每人去南山打一担柴回来。弟子们匆匆行至离山不远的河边，人人目瞪口呆。只见洪水从山上奔泻而下，无论如何也无法渡河打柴了。无功而返，弟子们都有些垂头丧气。唯独一个小和尚与师父坦然相对。师父问其故，小和尚从怀中掏出一个苹果，递给师父说，过不了河，打不了柴，见河边有棵苹果树，我就顺手把树上唯一的一只苹果摘下来了。后来，这位小和尚成了师父的衣钵传人。

面对过不去的河，可以掉头而回，更可以在河边做另一件事情——摘下一个"苹果"。也许，恰恰是这一个"苹果"，帮你实现了人生的突围和超越。

生活中，我们常常会遇到类似的困境，百般奋战却解脱无门，心中一片迷茫，这是思维定式和习惯使然。但是如果我们懂得转换思维，改个角度去看问题的话，可能在一瞬间会发现生活其实海阔天空，另有一番景象。因此，油尽灯灭的时候，切换思维，往往能让你立即感到思如泉涌，别有洞天！

30年前，一位英国青年正准备在伦敦开业做专科医师的时候，突然病倒了。医生要他休养1年，而且说即使1年以后他也不适合做医师工作了。

这对于一个青年来说是多么大的打击啊！他喜欢做医师，建一所自己的诊所正是他努力奋斗的目标。现在，就在正要跨上成功门槛的时候，门被关上了。他的心灰意懒可想而知。

有一位爱尔兰修女，常来照顾这个青年。她默默听完了他的泄愤，就说："你知道我们爱兰尔有一句俗话：假使上帝关上这一扇门，他就会开启另一扇门！"

青年深受启发，不再自怨自艾，他从忧虑中解脱出来，开始从事写作。他的第一篇小说《矿工的堡垒》完成后，投寄给一个出版商，竟被顺利接受。从此，他开始了创作之路，成为英国一名很受欢迎的作家。

许多人在遇到突如其来的打击、噩运或挫败时，只会怨天尤人，而不去寻找那"另一扇门"。失去健康、错过升迁机会、失业，当然是不幸的，但也许更不幸的是，你又错过了解这些"打击"的意义。挫折并不是坏事，只要我们充满信心，这条路行不通了，换一条路试试，总会到达成功的彼岸。

人生之路不会是一条笔直的路，不可能不遭遇挫折。重要的是保持乐观的心态，一扇门打不开，就去打开另一扇，总有一扇能让你顺利通过。

有所为有所不为

英国诗人邓恩曾写道，人非孤岛，每一个人都是"陆地的一隅，大陆的一部分"。这意味着每个人、事、地都和人的世界息息相关——是在生命机能之网上相互联结、更广大和谐的一部分。

有时候在你生命中的偶然，其实都来自意义深远的关系。想想看你如何邂逅自己的终身伴侣？为什么选择你所上的大学？你怎么找到现在这份工作？又为什么住在现在这个住所？这些答案难道真是"只凭运气"？抑或冥冥之中的安排？

如果你相信这是经由巧心安排，而非仅凭运气，那么你必然也相信作家林白夫人的隽语："潮汐的每一次循环都有其意义；波浪的每一个周期都有其意义；关系的每一个回旋，也都有其意义。"生命中的许多事物，都自有其意义。

人生中，总有需要你做重大改变的时刻，遵循新的指引、采取不同的路径，甚至从头再来。虽然结果并不确定，但如果你能够勇气十足、充满信心和热忱地去做尝试，并且相信你的每一步都得到精神资源的指引，那么你就会发现人生就是一场精彩的发现之旅。打开人生的另一扇窗，借此改变自己对人生的憧憬。

有个学生对他的老师说："老师，我很忙啊，要考托福，还要考研，还要拿双学位，还要应付期末考试……总觉得一样都不能放弃。"

老师对他说："你可不可以在一段时间内只做一件事情？有追求是好的，但是还要清醒，不要什么都想做什么都想要。"

一个经商的朋友，什么行业都想试一把，电子、房地产、服装……他涉足过的行业不下10个。但在每个行业里都做不长，做了这么多年的商人，虽没有亏得一塌糊涂，但也没赚到什么钱，更没有在某个行业里成为行家。

人的生命有限，时间有限，精力也有限，你不可能什么都想要，什么都去做。作为学者，你应该着重钻研自己熟悉的一两个领域；作为商人，你要学会放弃那些你不熟悉的行业。千万不要轻率进入，别人赚钱，不要眼红心动，否则，今天的投资，意味着明天的垮台！

在人的一生中，往往会面临着诸多的选择，但人生苦短，又能给我们每个人多少犹豫、彷徨的时间？中国有句古话：有所为就有所不为。有所得，就必然有所失。什么都想得到，只能是生活中的侏儒。要想获得某种超常的发挥，就必须扬弃许多东西。盲人的耳朵最灵，因为眼睛看不见，他必须竖着耳朵听，久而久之，耳朵功能就超越了常人。会计依赖计算工具的时间久了，心算的能力就差，2加3也要用算盘打一遍，而摆地摊的是速算专家。生活中也一样，当你的某种功能充分发挥时，其他功能就可能退化。

自己不熟悉的领域不要轻易涉及，做事要专、要精，不要什么都想做，最后什么都做不好。

发掘自己的兴趣

调查表明，人在做自己感兴趣的事时是最容易获得成功的。因为一个人在做自己感兴趣的事的时候，他会投入全部的精力，不会受外界因素的干扰，从而使效率大大提高。但事实上很多人容易受别人的影响，或是受别人的摆布，做着自己不喜欢的事，以至于在工作中无精打采，毫无工作和生活的乐趣可言。心不甘情不愿地做着工作，自然无法把工作做好，也就难免庸庸碌碌、得过且过。

老张教书20多年，一直是一个普普通通的教员，学校的生活让他感到很压抑，他很想离开，因为他自小就特喜欢画画，他的理想是当一名画家。

可是他的家人和朋友说他年纪不小了，何况教师这个职业既体面，工资又有保障，于是他继续做他的老师。后来，学校进行岗位清理，在教学上一贯不求进取的老张，最终还是被作为待岗人员挂了起来。

如果你想获得成就感，就不要让自己不感兴趣的事限制了其他兴趣的发展，你需要立即做出改变，不可拖拖拉拉，得过且过。为了成为最好的自己，最重要的是要发挥自己的潜力，追逐最感兴趣和最有激情的事情。当你对某个领域感兴趣时，你会在走路、上课或洗澡时都对它念念不忘，你在该领域内就更容易取得成功。更进一步，如果你对该领域有激情，你就可能为它废寝忘食，连睡觉时想起一个主意，都会跳起来。这时候，你已经不是为了成功而工作，而是为了"享受"而工作了。

万平是某家酒店的行政主管，本来做得很好，因为新来了一位副手，并且从一开始就咄咄逼人地觊觎着他的位置，他感到了一种无形的压力，便开始考虑充电，以便稳固自己的地位。他选择了学习电脑技术，甚至连编程都认真地学，同时还学习英语。就在他终于把自己变成一个三流程序员，能简单地用英语对话时，对手已顺顺当当地取代了他的位置。

怎么也想不明白的万平懊悔不迭，扪心自问，自己在行政管理方面本来并不差，虽然有许多地方需要加强。但自己却弄错了方向，用错了力量。如果在自己感兴趣的方面——管理的效率与艺术方面入手，就不会让对方有可乘之机。

如果置自己的兴趣于不顾，认为自己能干好所有的事，那么你在职场上一定找不准自己的位置，就不可能真正体现自身的价值。

罗达的父亲是个颇有名气的律师，父亲希望罗达子承父业。罗达为考律师资格证夜以继日地读书，但还是名落孙山。实际上，罗达并不喜欢律师这个职业，他喜欢从事富有创意性的工作，因此在复习功课时往往心不在焉。

后来，他试着转行，最终以建筑设计师的身份进入一家建造庭院的公司，不到一年，他的设计就在比赛中获奖，他后来得到该公司的重用，事业蒸蒸日上。

那么，如何寻找兴趣和激情呢？首先，你要把兴趣和才华分开。做自己有才华的事容易出成果，但不要因为自己做得好就认为那是你的兴趣所在。为了找到真正的兴趣和激情，你可以问自己：对于某件事，你是否十分渴望重复它，是否能愉快地、成功地完成它？你过去是不是一直向往它？是否总能很快地学习它掌握它？它是否总能让你满足？你是否由衷地从心里（而不只是从脑海里）喜爱它？你的人生中最快乐的事情是不是和它有关？当你这样问自己时，注意不要把你父母的期望、社会的价值观和朋友的影响融入你的答案。

如果你能明确回答上述问题，那你就是幸运的，如果你仍未找到这些问题的答案，那么建议你给自己更多的机会去寻找和选择。唯有寻找你才能接触，唯有接触你才能尝试，唯有尝试你才能找到最适合自己的事业。

不要照别人的看法去确定自己的事业，要想有所作为，给自己定好位，确定一个自己感兴趣的方向，然后努力去做，就会取得自己所期待的成功。

经营自己的长项

美国国际商用机器公司总经理之子托马斯·沃森，小时候是个末流学生，同他声名显赫的父亲相比，他简直是个低能儿。在读商业学校时，他的各科学业全靠一名家庭教师的鼎力相助才勉强过关。后来他开始学飞行，却意外地发现自己驾驶飞机竟是那样得心应手，这使他对自己的信心倍增。第二次世界大战期间，他当上了一名空军军官。这段经历使他意识到自己"有一个富有条理的大脑，能抓住主要东西，并能把它准确地传达给别人"。沃森最终继承父业成为公司总经理，使公司迅速跨入了计算机时代，并使年盈利额在15年里增长了10倍。

一个穷困潦倒的希腊年轻人到雅典一家银行去应聘一个门卫的工作，由于他除了自己名字之外什么都不会写，自然没有得到那份工作。失望之余，他借钱去了美国。许多年后，一位希腊大企业家在华尔街的豪华办公室举行记者招待会，会上，一位记者提出要他写一本回忆录，这位企业家回答："这不可能，因为我根本不会写字。"所有在场的记者都甚为吃惊，这位企业家接着说："万事有得必有失。如果我会写字，那么我今天仍然只是一个门卫而已。"

人生的诀窍在于经营自己的长处，找到、发挥自己优势。英国近百年来最年轻的首相梅杰，47岁就任首相，为世人所瞩目。然而他年轻时并无超人之处，16岁时因成绩不好而退学，后又因心算差未被录取为公共汽车售票员。对此有好多人想不通：一个连售票员都不能胜任的人怎么能够胜任首相之职？针对这种怀疑，梅杰在一次谈话中回答说："首相不是售票员，用不着心算。"从这里我们可以看出，一个人事业成功与否，并不完全取决于学历的高低，在很大程度上取决于自己能不能扬长避短，是不是善于经营自己的长处。

"尺有所短，寸有所长"，每个人都有自己的长处。如果你能经营自己的长处，就会给你的生命增值；反之，如果你经营自己的短处，那会使你的人生贬值。"条条道路通罗马""此门不开开别门"。世界上的工作千万种，对人的素质要求各不相同，干不了这个可以干那个，总可以找到自己的发展天地。宋代诗人卢梅坡有诗云："梅须逊雪三分白，雪却输梅一段香。"在有的人看来，沃森是个末等生，那个希腊青年是个文盲，梅杰连售票员都不能胜任，他们还能干成什么事业，成什么才？！天无绝人之路，"大路朝天，各走一边"。什么文化不高、经验缺乏、没有职称，甚至身有残疾，都不是成才的障碍，关键是，你要发现并经营好自己的长项。

只要你善于发掘自己的潜力，发挥自己的优势，经营自己的长处，就能找到发展自己的道路，创造美好的人生。

目光放长远一点

很久以前,有两位名叫柏波罗和布鲁诺的年轻人,他们是堂兄弟,两人雄心勃勃,渴望有一天能通过某种方式,使自己成为村里最富有的人。他们都很聪明,而且勤奋。他们想他们需要的只是机会。

一天,机会来了。村里决定雇两个人把附近河里的水运到村广场的水缸里去。这份工作交给了柏波罗和布鲁诺。两个人马上拎起水桶奔向河边。一天结束后,他们把整个镇上的水缸都装满了。村里的长辈按每桶水1分钱的价格付了钱给他们。

"我们的梦想实现了!"布鲁诺大声喊叫着,"我简直无法相信我们的好福气。"但柏波罗却有着自己的想法。经过一天的劳累,他的背又酸又痛,手上也打起了水泡。如果每天都这样工作,哪天才能出头呢?他苦思冥想终于想出了一个好办法——修一条管道将水从河里引进村里去。

"一条管道?谁听说过这样的事?"布鲁诺大声嚷嚷着,"柏波罗,不要胡思乱想了,我们现在有一份很不错的工作。1天提100桶水,就可以赚1元钱!我们是富人了!1个星期后,就可以买双新鞋。1个月后,就可以买一头母牛。6个月后,盖一间新房子的钱都有啦!这可是全镇最好的工作。我们一周只需工作5天,这辈子可以享受生活了!放弃你的管道吧!"

但柏波罗没有放弃自己的理想。他在提桶运水的同时，利用工余时间以及周末着手建造管道。他知道，在岩石般坚硬的土壤中埋下一条管道，是一项十分艰难的工作。即使建起了供水管道，由于薪酬是根据运水的桶数来支付的，他的收入在开始的时候会下降，要到两三年之后，他的管道才会产生效益。尽管如此，柏波罗仍然坚信他的梦想是有意义的。于是他就努力去做了。

布鲁诺和其他村民开始嘲笑柏波罗，称他"管道人柏波罗"。布鲁诺赚到比柏波罗多一倍的钱，炫耀他新买的东西。他买了一头驴，配上全新的皮鞍，拴在他新盖的两层楼房旁。

当布鲁诺晚间和周末睡在吊床上悠然自得时，柏波罗还在继续挖管道。一天天、一月月过去了。有一天，柏波罗意识到他的管道完成了一半，这意味着他只需提桶走一半路程了。这样，柏波罗就有更多的时间用来建造管道了。不久，管道终于完工了。村民们簇拥着来看水从管道中流入水槽里！村子源源不断地有水供应了，附近村子的人都搬到这座村子来生活，这里顿时繁荣起来。

管道一完工，柏波罗便不用再提水桶了。无论他是否工作，水都在源源不断地流入。他吃饭时，水在流入；他睡觉时，水还在流入。当他周末出去玩时，水仍然在流入。流入村子的水越多，流入柏波罗口袋的钱也就越多。

管道人柏波罗的名气大了，人们称他为"奇迹制造者"，政客们称赞他有远见，恳请他竞选市长。但柏波罗却开始计划他更大的管道梦想。

风物长宜放眼量。鼠目寸光的人注定成不了大事。不为眼前利益放弃长远目标的人，才有机会获得更大的成功。

换个角度看风景

有人把自己的种种习惯看得很重，当作宝贝似的，非常珍惜，都不容许稍加改变。比如说：他某些东西，一定要放在某一个地方、朝某一个方向，牙刷要排成什么角度，冰箱里面的菜一定要整理成什么款式；睡觉必得要在某床、向某方位，否则睡不着；读书一定要坐在某张椅子，才读得下；碗要排成什么样子，筷子要摆成什么形状……像这样，有规律的生活习惯，本来是很好的，但是如果别人和他的习惯不一样，他就懊恼，不停地唠叨："我习惯怎样怎样！我不习惯怎样怎样！"别人如果没有按照他的习惯，他就觉得别人很不对，觉得别人都不会做事情，都没规矩。他虽然嘴巴没说自己很会做事情，但是其实内心都觉得别人做的，不合他的意，认为别人做的不如自己做得好。像这样就是反而被习惯束缚住了，变成了习惯的奴隶，也变成了傲慢的奴隶。可能他那些习惯并没有带给他什么大的利益，反而给他很多烦恼，使他生活得更不快乐、不自在。

如果习惯与我们的目标不相应，就会成为我们事业和生活的障碍。习惯就好比是一把刀，如果你正确使用它来切东西，就是善用；如果不会用，切到自己的手，流血受伤，就是误用。所以刀子本身没有好坏，就看我们怎么运用，习惯也是如此。

许多的人不成功，就是因为他们不喜欢改变自己的习惯。习惯束缚了他们的发展。改变习惯，才能接受新思想、新方式。

孩子回到家里，向父母讲述幼儿园里发生的故事："爸爸，你知道吗，苹果里有一颗星星！"

"是吗？"父亲轻描淡写地回答道，他想这不过是孩子的想象力，或者老师又讲了什么童话故事了。

"你是不是不相信？"孩子打开抽屉，拿出一把小刀，又从冰箱里取出一只苹果，说道，"爸爸，我要让您看看。"

"我知道苹果里面是什么。"父亲说。

"来，还是让我切给您看看吧。"孩子边说边切苹果。

切错了！我们都知道，"正确"的切法应该是从茎部切到底部凹处。而孩子却是把苹果横放着，拦腰切下去。

然后，他把切好的苹果伸到父亲面前："爸爸你看，里头有颗星星吧。"

这个告诉我们，限制自己的视野，你能看到的只是一块毫无新意的天地。试着换个角度，让自己的视野更开阔些，也许就能发现一片令人耳目一新的新天地。

有两个观光团到某处旅游，路况很坏，到处都是坑洞。其中一位导游连声抱歉，说路面简直像麻子一样。而另一个导游却诗意盎然地对游客说："诸位先生女士，我们现在走的这条道路，正是赫赫有名的迷人酒窝大道。"

虽是同样的情况，然而不同的角度，就会看到不同的风景。如何去想，决定权在你。

一位商人从电视上看到博物馆中藏有一明代流传下的被称为"龙洗"的青铜盆，盆边有两耳，双手搓摩盆，盆中的水便溅起一簇簇水珠，高达尺余，甚为奇特。这个商人突发奇想——如果仿制此盆，将它摆放在旅游景点或人流量多的地方，让游客自己搓摩，经营者收费，岂不是一条很好的财路？于是他找专家分析研究，试制成功后投放市场，果然效果出奇的好。博物馆中的青铜盆只具有观赏价值，而此商人将仿制品推向市场，则取得了很好的经济效益。

哲学家曾以半杯水为例，讲出了换个角度看问题的重要性：乐观的人认为再有半杯就可以满了，而悲观的人却认为只剩下这半杯了就快没了。

对待人生用减法，那么处处充满悲观，处处充满危机，充满压力。

20岁的人，失去了童年；30岁的人，失去了浪漫；40岁的人失去了青春；50岁的人，失去了理想；60岁的人，失去了健康；70岁的人，失去了盼头。

用加法思考人生，那么，处处都充满着希望，充满着生机，充满着快乐。

20岁的人，拥有了青春；30岁的人，拥有了才干，40岁的人，拥有了成熟；50岁的人，拥有了经验；60岁的人，拥有了悟彻；70岁的人，拥有了财富。

换一个角度看人生，人生无处不飞花。

"横看成岭侧成峰，远近高低各不同"。换个角度来看风景，风景便会有不一样的风采。而换个角度看人生，那更会有不同的景致。

6

Chapter 6

情感困扰时的回味

执子之手的境界

手大概是人身体中使用率最高的器官。一个人从小长到大，先是由父母长辈牵着，后是由幼儿园老师牵着，再后来，有了恋人，我们的手就和幸福牵在了一起。中国人尤其讲究"执子之手，与子偕老"的美好境界，那是人生最美的一道风景。台湾歌手苏芮的一曲《牵手》唱出了这个人生中最美好的景象，因此打动了亿万人的心。

民间有这样一句俗语：最亲的是父母，最近的是夫妻。没有一个人能那样和你亲密无间地同床共枕，只有你的爱人；没有人能那样和你利益共享风险共担，只有你的爱人。前几年，社会上有人戏称，夫妻之间是"左手摸右手"，意思是找不到当年恋爱时的感觉了。其实，当夫妻之间如同左右手时，一般也是人到中年。这时候，夫妻间的同甘共苦、相濡以沫、心有灵犀，都体味至深，感情在岁月的锤炼中由热血澎湃的"爱情"渐变为小河流水般的绵绵"亲情"。如果你仔细观察，还会发现，因为两心相爱，朝夕相处，饮食一样作息同步，夫妻两人也越长越像，如同一棵树上的两片叶子那样相依又相似。作家张爱玲说过："短的是人生，长的是苦难。"大概，为了应对人生长长的苦难，男人和女人走到了一起，夫妻就是用两个人的肩膀共同阻挡一个屋檐下的风风雨雨。

在电视上曾经看过这样一个节目，一位男士被蒙着眼睛，从一排女士之中摸认他的妻子，这位男士一一摸了摸女士的手，当摸到他妻子的手时，他毫不犹豫地认了出来。主持人问他为什么摸得这么准，男士说是凭手感，那双手自己摸了几十年，就像摸到自己的手一样亲切，说得妻子热泪盈眶，满脸幸福。

婚姻的至高境界永远是"白头偕老"，古有"执子之手，与子偕老"之吟咏，今有"最浪漫的事，是陪着你慢慢变老"之歌唱。当夫妻如同"左右手"时，你就庆幸吧。试想，还有什么东西能像你的左右手一样，永远不弃不离你，永远默默陪伴着你的呢？

妻子（或丈夫）是真正能与你携手到老的人，她（他）真的就像你的另一只手；它简单而平凡地支撑着你，使你的人生到至高境界，使你认识人生的真谛和美好。

超越生死的谎言

一天夜晚，男孩骑着摩托车带着女孩在空旷的公路上行驶。

"我怕，你开慢点好吗？"女孩胆怯地说道。

男孩微笑着看了一眼女孩，安慰地说："好吧，可是你得先说一句'我爱你'才行。"

"好吧，我爱你，现在可以开慢点了吧？！"

"你能再抱我一下吗？！"男孩说。

"嗯。"女孩给了男孩一个深深的拥抱。

"现在可以了吧？！"女孩有点不耐烦地说道。

"我还有最后一个要求，你把我的安全帽摘下，它让我感到难受，然后你自己戴上它，好吗？"女孩照着做了。

……

第二天当地晚报刊出一则报道：昨天夜晚，因摩托车刹车失灵发生一起车祸。摩托车上两人一死一伤……

原来，摩托车在高速行驶时刹车突然失灵了，男孩担心女孩害怕，没有告诉她，并巧妙地将安全帽给了女孩。当时，这是男孩能够保护女孩的唯一办法。男孩让女孩对他说"我爱你"，还让她拥抱一下自己，这是他们最后一次爱的见证。

超越生死的爱的谎言，给我们演示了一个神话般的爱情故事。

他和她相识在一个宴会上，那时的她年轻美丽，身边有很多追求者，而他却是一个很普通的人。因此，当宴会结束，他邀请她一块去喝咖啡的时候，她很吃惊，然而，出于礼貌，她还是答应了。

坐在咖啡馆里，两个人之间的气氛很是尴尬，没有什么话题。她只想尽快结束这次谈话，好离他而去。但是当小姐把咖啡端上来的时候，他却突然说："麻烦你拿点盐过来，我喝咖啡习惯放点盐。"当时，她愣住了，小姐也愣住了。大家的目光都集中到了他身上，弄得他很不好意思，脸都红了。

小姐把盐拿过来了，他放了点进去，慢慢地喝着。她是好奇心很重的女子，于是很好奇地问他："你为什么要在咖啡里加盐呢？"他沉默了一会儿，很慢的几乎是一字一顿地说："小时候，我家住在海边，我老是在海里泡着，海浪打过来，海水涌进嘴里，又苦又咸。现在，很久没回家了，咖啡里加盐，就算是想家的一种表现吧。"

她一下子就被打动了。这是她第一次听到男人在她面前说想家。她认为，想家的男人必定是顾家的男人，而顾家的男人必定是爱家的男人。她忽然有一种倾诉的欲望，跟他说起了她远在千里之外的故乡，冷冰冰的气氛渐渐变得融洽起来，两个人聊了很久，并且，她没有拒绝他送她回家。

再以后，两个人开始频繁约会，她发现他实际上是一个很优秀的男人——大度、细心、体贴，符合她所欣赏的男人应该具有的特性。她暗自庆幸，如果当时不是出于礼节，一定就和他擦肩而过了。她带他去遍了城里的咖啡馆，每次都是她说："请拿些盐来好吗？我的朋友喜欢咖啡里加盐。"再后来，就像童话书里所写的一样，"王子和公主结婚了，从此过着幸福的生活。"他们确实过得很幸福，而且一过就是40多年，直到他得病去世。

故事似乎要结束了，如果没有那封信的话。

那封信是他临终前写的，写给她的："原谅我一直都欺骗了你，还记得第一次请你喝咖啡吗？当时气氛差极了，我很难受，也很紧张，不知怎么会突发奇想，竟然要小姐拿些盐来，其实我喝咖啡从来不加盐的，当时既然说出来了，只好将错就错了。没想到竟然引起了你的好奇心，这一下，让我喝了半辈子的加盐咖啡。有好多次，我都想告诉你，可我怕你会生气，更怕你会因此离开我。

"现在我终于不怕了，因为我就要死了，会得到原谅的，对不对？今生得到你是我最大的幸福，如果有来生，我还希望能娶你，只是，我可不想再喝加盐的咖啡了，咖啡里加盐，你不知道，那味道，有多难喝。咖啡里加盐，我当时是怎么想出来的啊！"信的内容让她吃惊，她再一次被打动了。她在他耳边轻语道："我是多么高兴啊，你为了我，能够做到一生一世的欺骗……"

因为爱，一辈子坚守一个谎言，又有几个人能做到呢？

平淡生活里，我们同样需要爱的谎言。比如女人生了孩子之后问老公："我是不是不如从前漂亮？"爱她的他一定会忙着否定，于是沾沾自喜的新妈妈又满怀信心地开始了新的生活。

爱情与婚姻中，我们有时需要一点谎言，这个谎言不是为了欺骗和伤害对方，而是因为爱，不舍得对方伤心难过。让爱的谎言仍然长存于恋爱中的和已经恋爱过了的人们当中吧，愿天下有情人的谎言都是美丽和善意的。

婚姻需要陪伴与分享

这是一个在外人看来无比幸福的家庭。妻子勤劳贤惠，相夫教子，家里家外不让丈夫操一点心；丈夫虽然身在商海且小有成就，却没有像有些暴发的老板那样灯红酒绿，他不酗酒，不抽烟，从不在外过夜。女人是个一心为家的好妻子，男人是个负责任的好丈夫和好父亲。这样的家庭应该是无可挑剔了。

可是，两个人都觉得生活中好像缺少了点什么，他们时常为一点小事产生摩擦，互相抱怨对方不理解自己，不关心自己的所想所需。可是，谁也不知道怎么改变这种状况。妻子努力将饭菜做得更香，将丈夫的衣服洗得更干净，熨得更板正；丈夫也不断为妻子买漂亮的衣服和高档化妆品。可是，两人之间不冷不热的关系并没有得到改善，看似美满的婚姻并没有让他们感到快乐。

直到有一天晚饭后，妻子和往常一样开始擦地板，丈夫陪着儿子翻看旧相册，看到恋爱时他们俩四处旅游时拍的照片，丈夫对妻子说："老婆，你也来陪我们看照片吧！"妻子想说"我地板还没擦完呢，别烦我"，因为以往她经常这么说。可这次，话到嘴边突然停住了，因为，她忽然意识到，他们婚后已经很久没有一起做一件事了。她马上扔掉抹布，挤到丈夫身边，3个脑袋凑在一起看着以前的照片，不时发出欢快的笑声。

从那以后，丈夫和妻子在劳累一天后，经常在傍晚一起牵着儿子散步，或者一起听听音乐，互相说说心里话，他们开始彼此依赖，彼此需要，彼此安慰，他们慢慢体会到了家庭的温馨和幸福。

婚姻的基础是感情，载体是家庭，实质是陪伴。一对男女，由陌生到熟悉，由路人到亲人，由爱情到亲情，靠的就是相伴，在相伴中相知，在相偕中相爱，在相偎中相知。电影《相伴永远》，讲述的虽然是李富春和蔡畅感人至深的革命爱情故事，但说出了爱情和婚姻的真谛：爱需要陪伴。

许多人在描绘爱情晚景时都会不约而同地叙述这么一个场景：在秋天的黄昏（或春天的清晨），一对白发苍苍的老人，互相搀扶着，漫步在一片如火的枫林下（或如茵的草地上）。他们幸福的背影，成为人们对爱情描绘的经典画卷。而那一句"我能想到最浪漫的事，就是和你一起慢慢慢慢变老"，更使无数的歌者与听者动心。

陪伴的真谛就是相濡以沫，相亲相爱，白头偕老。

爱需要海誓山盟，也需要花前月下；爱需要轰轰烈烈，也常有死去活来……但爱的根本却是在每一天每一个夜的思念中，在每一声每一句的关怀里，在每一分每一秒的陪伴下。

过日子的女人，需要爱人的陪伴。当她困惑时，有人为她分忧解愁；当她高兴时，有人与她分享快乐欣喜；当她孤独害怕甚至痛苦失落时，有人来给她依靠安慰……这是女人对于婚姻最大的祈盼。

过日子的男人同样需要爱人的陪伴。在他失意时，有人轻轻地依偎在他身边，用女性独有的温情与细致抚平他沧桑和疲倦的心，给他柔情万种；在他病痛时，有女人如母亲般守在他的身边关心照料，给他体贴万千；在他饿了、困了回家时，有人为他盛上一碗热汤，点着灯倚在床头为他守候……这是男人对家的祈盼。

　　记住，在婚姻中，你的另一半永远需要你的陪伴和分享，没有什么琐事比陪伴自己的另一半更重要。

善待唠叨

　　妻子正在厨房炒菜，丈夫在她旁边一直唠叨不停："慢些。小心！火太大了。赶快把鱼翻过来。快铲起来，油放太多了！把豆腐整平一下。哎哟，锅子歪了！"

　　"你话真多！"妻子脱口而出，"我懂得怎样炒菜。"

　　"你当然懂，太太，"丈夫平静地答道，"我只是要让你知道，我在开车时，你在旁边喋喋不休，我的感觉如何。"

　　唠叨，似乎是许多丈夫为之头疼的事。爱唠叨，这也许是女人的天性。唠叨就像一剂麻醉药，使本来新鲜生动的生活，变得昏昏沉沉。在日常生活中，矛盾总是存在的，婚姻生活也一样，夫妻之间难免会发生争吵。心理健全的人可以承担一般的争执而不会产生情感的裂缝。但是一刻不停的、毫不放松的长期唠叨所产生的压力，常常会拖垮人的进取心。

　　有一个干推销员工作的男人，很喜欢自己的工作，每天满腔热忱地四处奔波。由于市场竞争十分激烈，他非常希望得到妻子的安慰和鼓励，以此来保持旺盛的斗志。可是妻子却一直轻视和取笑他，而且总拿他和别人相比："为什么你赚不到更多的钱？为什么你得不到一个好职位？你瞧，谁又升迁了，而你还是一个小职员……"就像不停滴落的水珠，将会侵蚀掉一块石头一样，在妻子不停的嘲笑与指责下，他的勇气消失得无影无踪。他开始对自己的工作感到厌烦，最后，他丢掉了自己曾经喜欢的工作，也和妻子离了婚。妻子并不知道为什么会失去丈夫，更不明白正是由于她的唠叨，让一切都蒙上了一层灰色。她原以为轻视和取笑丈夫会促使他走向成功，其实不然，她完全摧毁了一个男人的自信心。

女人似乎不相信男人会害怕妻子的唠叨。她们有时甚至认为，唠叨是对丈夫的关心。但从古至今，这种方法极少起到积极的效果，倒是反面的例证比比皆是。"用甜的东西抓苍蝇，要比用酸的东西有效多了。"老祖母运用她的生活经验告诫我们。这句话的意思是，妻子的唠叨是套不住丈夫的，那样做，只会破坏他的精神，毁灭自己的幸福。桃乐丝·狄克斯曾说过："一个男人在婚姻生活中能不能得到幸福，他太太的脾气和性情，比任何事情都更加重要。她可能拥有全天下的每一种美德，但如果她脾气暴躁、唠叨、挑剔，那么她所有的其他美德便都等于零了。"

所以事情都不是孤立的，而是相对的。面对妻子的唠叨，丈夫也不妨想想，自己对妻子给予了足够的理解和关心吗？当妻子下班后急匆匆到幼儿园接孩子，然后到菜市场买菜；当妻子一手牵着孩子，一手拎着沉重的菜篮子，拖着疲惫的身心走进家门时，你在干吗呢？是不是正悠闲地坐在沙发上翻看一大堆报纸？这怎能不让妻子满腹委屈、心怀抱怨呢？当妻子收拾干净厨房，一边洗一大堆脏衣服，一边辅导孩子做作业时，你却正在关注电视上的足球比赛，没有伸出一只温情的手去帮帮她，她怎能不唠叨？为了这个家，妻子的心都操碎了，你却漠然视之，连一句温暖体贴的话都没有，她怎能不唠叨？

可以这样打个比方，妻子是变量，丈夫是常数，家庭则是婚姻的函数。唠叨作为婚姻默认的一种方式，变量只要不超出适度的范围，这个婚姻的基础就是牢固的。

夫妻之间也要互相理解，互相体谅，多站在对方的角度和立场看问题，让唠叨成为婚姻生活中美丽的乐章。

真爱面前不讲输赢

电视剧《逼子成龙》讲的是这样一个故事：一对原本感情不错的夫妻，在孩子教育问题上发生分歧，经常吵架。两人的朋友分别给他们出主意，要他们拿出狠招来——"一烙铁烫平他"。结果两人都想一烙铁烫平对方，谁也不肯先低头，事态愈演愈烈，最后谁也下不来台，真的离婚了。这个结果让两人的朋友都大吃一惊。

故事很贴近现实，看了让人不觉会心一笑。尤婷在恋爱时，姐姐就曾告诫她，要让男朋友学会做饭，要让他上交工资，要让他……现在由着他，不"烫平"他，结婚后就晚了。一女友更是现身说法，得意地告诉尤婷她让老公服服帖帖的秘诀，她说只要老公"不听话"，她立马就会犯心脏病。尤婷疑惑地问她："怎么这么多年，我不知道你有心脏病呢？"女友哈哈大笑说："你笨呀，那是制住他的手腕，你想啊，我有心脏病，他敢不听我的吗？"尤婷还是想不明白，难道不怕阴谋被他识破？女友不在乎地说："没事，等他识破了，估计也习惯'妻管炎'啦。"

尤婷想，姐姐的告诫，女友的阴谋，都并非恶意，目的不过是想维持婚姻的稳定和长久。只是，尤婷怀疑这样做的效果。夫妻本是平等的，为什么非要谁烫平谁呢？如果他愿意假装让你烫平，那也是因为他爱你，爱这个家。如果没有爱，谁又能烫平谁呢?

夫妻过日子，难免会吵架。吵架不可怕，可怕的是一定要吵个是非分明出来，无理搅三分，或者得理不饶人，一定要占了上风才肯罢休。尤婷的一个离了婚的同学告诉她说："该吵的我们都吵了。吵到了无话可说的地步，真的是山穷水尽、无路可退了，但谁也没有烫平谁，只好硬着头皮往前走——离婚。"尤婷从中得出了自己的结论——真爱面前不讲输赢，也没有输赢。

不过也有不少夫妻吵了一辈子架，家庭却没有解体。他们一开始也是真吵，后来发现吵架根本解决不了问题，就聪明起来了，吵架反倒成为婚姻的调节剂。这种吵架不是为了分出高下，只是在告诉对方，我在乎你，所以才跟你吵。结果是总有一个人率先认错赔罪，给对方一个下台的梯子，另一方则见好就收，顺梯子而下。刚才还听见河东狮吼呢，转眼间两人亲热地牵着手出了家门。

有一对夫妻，两个人平日相处融洽，恩恩爱爱，可一旦吵起嘴来谁都不让步，而且还有个不言而喻的默契:吵嘴后谁也不先找谁说第一句话，谁先说话就意味着谁输。有理也算输。

一天晚上，夫妻俩已上床就寝。不知怎么，两人为家庭某件琐事吵嘴。吵到厉害时，妻子气呼呼地踹丈夫一脚说:"滚，滚到沙发上去睡。"半夜，风雨大作，天气骤凉。妻子再也无法入睡，她暗暗心疼丈夫了。睡在沙发上什么也不盖还不冻坏了?妻子抱起一床毛毯走到外屋一把推醒丈夫。自己也不说一句话，把毛毯往桌子上一放就回了屋。第二天早晨，妻子进屋一看，丈夫还躺在沙发上呼呼大睡。毯子原封不动地放在桌子上。妻子火冒三丈，拧住丈夫的耳朵，骂道："困死了困死了，干吗不盖毯子？"丈夫被拧得嗷嗷乱叫，还嬉皮笑脸地说："嘿嘿，毯子是我刚放上去的。"妻子忍不住笑了起来："你还会耍花招？"

丈夫说："我……就是想听你说出第一句话来。"妻子听了，嗔怪地捶丈夫一拳，开心地笑了。

有一部电视剧的台词说得好：家，不是讲理的地方，是讲爱的地方。因此，婚姻要长久，就不要争高下，论输赢。

一个拥抱就够了

李夏普洛是个已经退休的美国法官，他天性极富爱心。终其一生，他总是以爱为前提，因为他明白爱是最伟大的力量。因此他总是拥抱别人，甚至在他所坐的汽车的保险杠上都写着："别烦我！拥抱我！"他的大学同学干脆给他取了个"抱抱法官"的绰号。

大约6年前，他发明了所谓的"拥抱装备"。这个装备外面写着："一颗心换一个拥抱。"里面有30枚可粘贴的刺绣小红心。他常带着"拥抱装备"到人群中，实践他"给一个红心，换一个拥抱"的理论。

李因此而声名大噪，于是有许多人邀请他到相关的会议或大会演讲。他于是抓住一切机会向人们灌输"无条件的爱"这一概念。一次，在洛杉矶的会议中，地方小报向他挑战："拥抱参加会议的人，当然很容易，因为他们是自己选择参加的，但这个理念在真实生活中是行不通的。"他们问李是否能在洛杉矶街头拥抱路人。李夏普洛毫不犹豫地说，你们瞧着吧。

于是，大批电视工作人员，尾随他到街头进行随机采访。首先李向经过的妇女打招呼："嘿！我是李夏普洛，大家叫我'抱抱法官'。我是否可以用一个爱心和你换一个拥抱。"妇女欣然同意，地方新闻的评论员觉得这样还是太简单了。李发现不远处有一个交通女警，她正在开罚单给一台BMW的车主。李从容不迫地走上前去，所有的摄影机紧紧跟在后面。他上前对交通女警说："你看起来像需要一个拥抱，我是'抱抱法官'，可以免费奉送你一个拥抱。"那女警接受了。

这时电视时事评论员出了最后的难题："看，那边来了一辆公共汽车。众所皆知，洛杉矶的公共汽车司机最难缠，爱发牢骚，脾气又坏。让我们看看你能从司机身上得到拥抱吗？"李接受了这项挑战。

当公车停靠到路旁时，李跟车上的司机攀谈："嘿！我是李法官，人家叫我'抱抱法官'。开车是一项压力很大的工作哦！我今天想拥抱一些人，好让人能卸下重担，再继续工作。你需不需要一个拥抱呢？"那位身高2米出头、体重230磅的公车司机离开座位，走下车子，高兴地说："好啊！"

李拥抱他，还给了他一颗红心，司机一脸满足的样子，客气地说了再见才开车离开。采访的工作人员，个个无言以对。最后，那位评论员不得不承认，他服输了。

一天，李的朋友南茜来拜访他。她是个职业小丑，身着小丑服装，画着小丑的脸谱。她邀请李带着"拥抱装备"，和她一起去残疾之家，探望那里的朋友。

他们到达残疾之家之后，便开始分发气球、帽子、红心，并且拥抱那里的病人。李心里觉得很难过，因为他从没拥抱过临终病人、严重智障和四肢麻痹的人。刚开始拥抱的时候，李和南茜都有点不适应，很勉强，但在医师和护士的鼓励之下，过了一会儿他们就很自如了。

数小时之后，他们终于来到了最后一个病房。在那里，李看到他这辈子所见过的情况最糟的34个病人，面对人生的磨难，他的心情十分复杂。可是，他们的任务是要将爱心分出去，点亮病人心中的灯火，必须打起精神来面对眼前的一切。此时整个房间里满是医护人员鼓舞和期待的目光。

李和南茜的领口贴满了小红心，头上戴着可爱的气球帽。他们来到最后一个病人李奥面前。李奥穿着一件白色围兜，神情呆滞地流着口水。李看他流着口水，对南茜说："他就算了吧！"南茜回答道："可是，他也是我们的一分子啊！"接着她将滑稽的气球帽放在李奥头上。李随即贴了一张小红心在围兜上。他深呼吸一下，弯下腰抱住了李奥。

突然间，李奥发出了"嘻嘻"的大笑声，其他病人也开始把房间弄得叮当作响。李回过头想问医护人员这是怎么一回事时，却见所有的医师、护士都喜极而泣。李只好问护士长发生什么事了。

李永远不会忘记她的回答。护士长说："23年来，我们头一次看到李奥笑了。"

让别人的生命有一点不同，有一点亮光是何等简单啊！也许只需要一个拥抱！

我是重要的

有一位老师用一种特殊的方式教育她的学生，她常常告诉学生们，他们是如何重要，以此来表达对他们的赞许。

她采用的具体做法是，将学生逐一叫到讲台上，然后告诉大家这位同学对整个班级和对她的重要性，再给每人一条蓝色缎带，上面以金色的字写着："我是重要的。"

之后，这位老师想通过学生们把她的计划推广出去，看看这样的行动对一个社区会造成什么样的冲击。她给每个学生3个缎带别针，教他们出去给别人相同的感谢仪式，然后观察所产生的结果，一个星期后回到班级报告。

班上一个男孩子到邻近的公司去找一位年轻的主管，因他曾经指导他完成生活规划。那个男孩子将一条蓝色缎带别在他的衬衫上，并且再多给了2个别针，接着解释，"我们正在做一项计划，就是把蓝色缎带送给自己想要感谢的人，同时再给你们多余的别针，让感谢仪式推广下去。下次请告诉我，这么做产生的结果。"

过了几天，这位年轻主管去看他的老板。从某个角度而言，他的老板是个易怒、不易相处的同事，但极富才华，他表示十分仰慕老板的创作天分，老板听了十分惊讶。这个年轻主管接着要求老板接受蓝色缎带，并请他允许自己帮他别上。一脸吃惊的老板爽快地答应了。年轻主管将缎带别在老板外套、心脏正上方的位置，并将所剩的别针送给他，然后问他："您是否能帮我个忙？把这缎带也送给您所要感谢的人。这是一个男孩子送我的，他正在进行一项研究，想让这个感谢仪式延续下去，看看对大家会产生什么样的效果。"

那天晚上，那位老板回到家中，坐在14岁儿子的身旁，告诉他："今天发生了一件不可思议的事。在办公室的时候，有一个年轻的同事告诉我，他十分仰慕我的创造天分，还送我一条蓝色缎带。想想看，他认为我的创造天分如此值得尊敬，甚至将印有'我很重要'的缎带别在我的夹克上，还多送我一个别针，让我把它送给自己要感谢的人。今晚开车回家时，就开始思索要把别针送给谁呢？我想到了你，你就是我要感谢的人。

"这些日子以来，我忙于工作，没有花精力来照顾你、陪你，我真是感到惭愧。有时我会因你的学习成绩不够好，房间太脏乱而对你大吼大叫。但今晚，我只想坐在这儿，让你知道你对我有多重要，除了你妈妈之外，你是我一生中最重要的人。好孩子，我爱你。"

他的孩子听了十分惊讶，他开始呜咽，最后哭得无法自制，身体一直颤抖。他看着父亲，泪流满面地说："爸，我原本计划明天要自杀，我以为你根本不爱我，现在我想那已经没有必要了。"

每个人活在世界上，总要和他人进行交往，总希望得到别人的重视和肯定。在从别人的重视中，我们能获得强大的精神动力。

一位心理学家曾做过这样一个短期实验：他将他的学生分成

三组，接着他经常对第一组的成员表示赞赏和鼓励，对第二组却采取了一种不管不问、放任自流的态度，而对第三组则不断给予批评。试验的结果表明，被经常赞扬和鼓励的第一组成员进步最快，总是挨批评的第三组也有些微的进步，而被漠视的第二组却几乎仍然在原地踏步。

有一句格言说："轻视他人的结果，往往是别人对你的轻视。"同样，重视他人的结果，则往往是别人对你的重视。

1754年，已是上校的华盛顿率领部下驻防亚历山大市。当时正值弗吉尼亚州议会选举议员。有一位名叫威廉·佩恩的人反对华盛顿支持的一个候选人。有一次，华盛顿就选举问题与佩恩展开了一些激烈的争论，争论中说出一些极不入耳的话。佩恩火冒三丈，出拳将华盛顿击倒在地。可是，当华盛顿的战士急忙赶来欲为长官报仇时，华盛顿却阻止了他们，并说服大家平静地退回了营地。翌晨，华盛顿托人带给佩恩一张便条，请他尽快到当地一家酒馆会面。佩恩来到酒店，料想必有一场恶斗。但令他意外的是，他看到的不是手枪而是酒杯。华盛顿站起身来，笑容可掬地伸出手来迎接他。"佩恩先生，"他说，"人谁能无过，知错而改方为俊杰。昨天确实是我不对。你已采取行动挽回了面子，如果你觉得那已足够，那么，就请握住我的手吧，让我们来做朋友吧。"这件事就这样皆大欢喜地和解了。从此以后，佩恩成了华盛顿热心的崇拜者。

尊敬别人的人，同样会受到别人的尊敬。重视他人的人，同样会受到别人的重视。正像站在镜子前面一样，你怒他也怒，你笑他也笑。

施比受更幸福

圣诞节时，保罗的哥哥送他一辆新车。圣诞节当天，保罗离开办公室时，一个男孩绕着那辆闪闪发亮的新车，十分赞叹地问："先生，这是你的车？"

保罗点点头："这是我哥哥送给我的圣诞节礼物。"

男孩满脸惊讶，支支吾吾地说："你是说这是你哥哥送的礼物，没花你半毛钱？我也好希望能……"

保罗以为他是希望能有个送他车子的哥哥，但那男孩却说："我希望自己能成为送车给弟弟的哥哥。"

保罗惊愕地看着那男孩，出于真心地邀请他："要不要坐我的车去兜兜风？"

男孩兴高采烈地坐上车，车子开了段路之后，那孩子眼中充满兴奋地说："先生，你能不能把车子开到我家门前？"

保罗微笑着心想，男孩一定是想向邻居炫耀，让大家知道他坐了一部大车子回家。没想到保罗这次又猜错了。

"你能不能把车子停在那两个阶梯前？"男孩要求道。

男孩下车，跑上了阶梯，过了一会儿保罗听到他回来的声音，但动作似乎有些缓慢。原来他是背着瘫痪的弟弟出来的，他将弟弟安置在台阶上，紧紧地抱着他，指着那辆新车。

男孩告诉弟弟说："你看，这就是我刚才在楼上告诉你的那辆新车。这是保罗他哥哥送给他的哦！将来我也会送给你一辆像这样的车，到那时候你就能去看那些挂在窗口的圣诞节漂亮饰品了。"

保罗赶忙走下车子，将瘫痪男孩抱到车子的前座。满眼闪着泪光的大男孩也爬上车子，坐在弟弟的旁边。就这样他们三人开始了一次令人难忘的假日兜风。

在这个圣诞平安夜，保罗真正体会到了"施比受更有福"的道理。

佛家也有句类似的古语——"施比受更幸福"。这里所讲的施不只是一种肤浅的给予，而是一种不求回报的付出，是人与人之间心灵的交会，如同旱季里的一场雨，漫漫沙漠中的一口井，皑皑雪原上的一把火，让人倍感温暖与及时。而施与者在付出的同时，也将会充分实现自身的价值，从而获得精神层面的最大快乐。只懂得爱自己，只会"受"的人，必会像一潭死水那样毫无生气；而懂得"施"的人，就会像运河一样，始终生机勃勃。

懂得关爱别人的人就会受到别人的尊敬。一位加拿大科学家在做实验时，不小心使两块铀移动了，并且相互冲了过去。如果这两块铀相接触，其威力不亚于一颗小型原子弹的爆炸。就在这危急时刻，科学家奋不顾身，用自己的双手硬是把这两块铀掰开了。一次危机化解了，可这位科学家因受到严重辐射，而不幸以身殉职。政府为了表彰其伟大的精神，颁给了他"用手分开原子弹的人"的称号。他因此赢得了人们对他永恒的敬佩和赞叹。如果没有伟大的、无私的爱心，是无论如何也做不出这个举动的。

　　当然，关爱别人并不一定非要做出轰轰烈烈的事不可。在我们身边就有许多关爱别人的表现：公交车上礼貌让座，楼梯上垃圾随手捡起，帮助朋友渡过难关，关爱家人……

　　送人玫瑰，手有余香，当你施与时，你同时也是个快乐的收益人。多为别人考虑一点，他人的快乐我们也可以分享。

大声说出你的爱

一位管理专家受邀前往某地，发表有关高效率管理的演讲。抵达当晚，主办单位的几个人请他吃饭，大家聊起了明天演讲的事情。

阿龙显然是这几个人的头儿，他块头很大，声音十分低沉。阿龙告诉专家，他是这家国际企业总公司的部门经理，主要职责是处理分公司一些较为棘手的人事问题，终止一些高级主管的聘用。

他自信地说："我十分期待您明天的演讲，因为公司管理人员在聆听您的高见后，就会知道我的管理方式是正确的。"

专家微笑不语，因为他知道明天的情况绝对与阿龙想象的不大一样。

第二天，阿龙表情木然地听完全场演讲，然后一言不发地离开会场。

3年后，专家重返旧地，向曾经听过他演讲的听众发表另一篇有关管理的演讲，阿龙又一次来听演讲。就在演讲即将开始前，他突然站起来，请求说几句话。得到允许后，阿龙说：

"在座的各位都认识我，其中有些人还知道我近来的改变，今天我想把亲身的体验与各位分享。

"3年前我在这里听过一场演讲，演讲者有一个观点是：若想培养坚忍的意志，首先就该学习向身旁最亲近的人说声我爱你。起初我颇不以为然，心想这种肉麻兮兮的话和意志坚韧能扯上什么关系？但专家说坚韧与坚硬不同，坚韧如同皮革，坚硬则像花岗岩，而一个意志坚韧的人应该是思想开通，不屈不挠，行为自律，做事灵活，这些话我赞同，但这与爱有什么关系呢？

"那晚，我和太太两人坐在客厅的两端，脑中仍想着专家的话。霎时我发现自己竟鼓不起勇气向太太表示爱意，我好几次清了清喉咙，但话到了嘴边，只含混地发了些声音，其余的又吞了回去。我太太抬起了头，问我刚才嘟哝什么，我若无其事地回答说没事。突然间，我起身走向她，紧张地将她手上的报纸拿开，然后说：'老婆，我爱你。'她好一阵子说不出话来，泪水涌上她的眼眶，这时她轻声地说：'老公，我也爱你，这是你25年来第一次开口说爱我。'

"我们当时感慨万千，体会到了爱的力量，它能化解一切纷争和摩擦。突然间，我像是受到鼓舞一般，立刻拨了电话给在纽约的大儿子，我们已经许久没有联络了。我一听到他的声音便脱口而出：'儿子，也许你以为我喝醉了，但我现在很清醒。我打电话来只是想告诉你，我爱你。'

"儿子在话筒那端沉默了片刻，然后语气平静地说：'爸，我知道你爱我，真高兴能听到你亲口告诉我，我也要对你说我爱你。'

"我们开始拉家常，十分愉快。接着我又打电话给在旧金山的小儿子，告诉他同样的事，结果我们父子畅谈许久，那种温馨的感觉我从未有过。

　　"那晚我躺在床上沉思，终于领悟了专家所说的那番话有更深一层的意义：如果我能真正了解以爱待人的含义，而且身体力行，我的管理就有了明确的方向。

　　"我开始阅读相关题材的书籍，从中吸取宝贵的经验，体会这套哲学运用到生活和工作中的意义。后来，我彻底改变了与人共事的方式。我开始仔细倾听他人的想法；我学会多欣赏他人的长处，少计较他人的短处；我体会到帮助别人建立信心的那种快乐。然而最重要的是，我现在了解、尊敬他人的最佳方法，便是鼓励他们发挥自己的能力，来达到大家共同努力的目的。专家先生，借着今天这个机会，我要说声谢谢你。我的话说完了。"

　　在大家报以热烈的掌声以后，专家说："我顺便告诉大家，阿龙刚刚被任命为总公司的副董事长，他刚才的一番话就是最生动的演讲！"